你的孤独，虽败犹荣

刘同 —— 著

As long as you are here

北京联合出版公司
Beijing United Publishing Co.,Ltd.

写在《你的孤独，虽败犹荣》再版时

当年出版这本书时，我是决然想不到，因为"孤独"这个词，我和很多读者靠近了。

大家带着这本书旅行时@我；大家拍摄了视频用"也许你现在仍是一个人吃饭，一个人看电影……然而你却能一个人熬过所有，你的孤独，虽败犹荣"这段话@我；有人在签售会上说"谢谢你陪伴我度过了那段孤独的日子"。我才知道原来我们如此相同。

这一路走来，一晃多年，故事里的人长大了，长大的人又有了新的故事；写故事的人成长了，成长后的他依然在用笔捕捉生活的每个细微瞬间；读故事的人也成熟了，拿捏起情绪，或淡然或潇洒，或热情或平静。"孤独"这个词，就像是生命底层里那汪冷冽的水，让人清醒，让人降温，让人躲在水里更清晰地看待这个世界。

随着这本书的再版，它又会迎来新的读者。想想这本书曾陪伴了那么多人、那么多夜、那么长的旅程，就觉得这本书真的很了不起。它的"努力"远远超出了作者的想象。

我把近些年的细碎用图片拼接，最后呈现给你。

在时间这条长廊中，我们都在一路向前，若你也见过我见过的风景，那风景便见过了同样的我们。

谢谢这些年，我们还在一起。

2021年3月19日早8点17分

首 版 序
你还有我，便不孤独

6 点起床，赶 8 点的飞机，3 个小时后落地，转大巴去火车站，再乘 2 个小时 K 字头快速列车，之后转乘一辆本地的"蹦蹦"，而后到达这座江南小城。

十年前，我第一次出差，便是从长沙到这里。近 20 个小时的火车，外加 4 个小时的客车。由于很少出差，丝毫未觉得疲倦，半夜车厢里乘客的呼吸声沉入海底，我仍坐在卧铺过道的折叠椅上看窗外，数着偶尔擦肩而过的列车，打量山间民居的点点灯光，发觉月光在农田水洼里的倒影比在哪儿都透亮。

我不知道未来还会不会来这座城市，不知道还有没有这样出差的机会，在那辆开往春天的列车上我许了一个愿望：希望未来的工作中能够常常出差，做一个能看到除湖南之外的世界的人。

想象中，每次我都能坐这样的夜行列车，一夜过去，眼前的世界便换了天地。这是一辆普快，沿途停靠的城市无数，在没有睡着的时间里，我会在每个停靠站下车透一口气——那时我年轻力壮，其实根本不需要透什么气，我下车只有一个目的，希望未来跟同事们提起，我好歹能吹牛说我去过那个城市。这个想显得自己有见识的坏毛病至今还在,明明有直飞到达的航班我放着不选,偏偏要挑在某个国家转机的航班,目的也只有一个,权当自己去过那个地方。

也许能力不够,所以至今不能真正满足自己内心的愿望。

也许足够幼稚,所以至今仍会用这一招骗骗自己。

十年过去,现在的工作果然实现了当年自己在火车上许下的愿望——常常能出差,常常要出差,也常常突然忘记自己在哪座城市。

就如所有狗血电视剧一样,我居然真的被委以重任被公司派出去谈判,间或去很多大学和同学们见面。读大学时,只能买绿皮火车的硬座,换着同学的学生证买半价票。参加工作之后,工资略有盈余,可以选择买短途卧铺。后来可以不坐绿皮火车,改乘动车。再后来,动车改为高铁,高铁又变飞机,二等座换成了一等座,经济舱也换到了商务舱。但我再也不是当年那个会趴在车窗上彻夜看风景的少年。现在的我倒头就睡,落地才醒,即使变换了城市也少有惊喜。

有时,我会问自己:"还记得十年前那个期待见识这个世界的少年吗?"

有时,我也被反问:"你还认得出这是你十年后想成为的那个风尘仆仆的大叔吗?"

那时全世界都在沉睡,唯有我一人醒着。没有人对话,没有人应答，一笔一画的想法都在心上刻得生动形象。站在山岗上，用尽全力地呼喊，得到的不过是更大的回声而已。世界只剩我一人的孤独，莫过于此。

而现在的我，满面尘灰，为了看起来有朝气，发型也只能高高竖立。上午被老板骂，下午在部门辩论，晚上赶最晚的航班飞往另一个城市笑脸迎人。我丝毫没有疲倦，只是开始对新的世界漠不关心，我的心里从此只有人，没有景。我会突然问同事："呃，我们这是在哪里？"同事说："我们在人民西路。"我便很焦躁地说："我是说哪个城市？"

曾经大声问同事周日是星期几。

曾经拿着手机给朋友打电话哭诉：手机不见了。

曾经在公司偶遇同事，问对方：呃，我这是要去哪里？

这种事刚开始听，感觉都是笑话而已。听多了，你也会默默干上一杯酒，自嘲地笑一笑。我在给新同事培训的时候说："也许在座80%的人和我一样，曾经、现在，以及未来都可能只是一个打工仔而已。我希望即使我们一辈子给人打工，也要打自己愿意打的工，做自己喜欢的事，拿自己应得的钱。通过自己的能力去获取信任，有了信任，才能尽情去选择自己的生活。"新同事们感同身受，开始如我一样去寻找自己的路。

然后有人对我说："你现在多好啊，每天忙碌，有成就感，知道自己在干吗。而我呢？每一天过去，又是重复的新的一天。人人都在选择新的生活，只有我没有选择的余地。我觉得好孤独。"

我把这段话记下来在心里反复默念："现在的我，每天忙碌，似乎有成就感，知道自己每天要干什么。每天醒来，又是新的一天，又有新的挑战。很多人都在重复着生活，我却有很多的选择，可我为什么也觉得孤独？"

默念完这段话，我恍然大悟。那个在火车上许完愿的我，为了不孤独而一直忙碌，把自己当成陀螺。30岁之后，风景于我只是几道走马观花的残影，少有流连忘返的停留。

曾经我认为：孤独就是自己与自己的对话。现在我认为：孤独就是自己都忘记了与自己对话。

曾经我认为：孤独是世界上只剩自己一个人。现在我认为：孤独是自己居然就能成一个世界。

对于孤独，每个人在每个年龄都会有自己无比清晰的看法。

十年前，我到这座江南小城出差最开心的记忆是公款消费了一顿极为丰盛的肯德基。三个刚参加工作的小伙子，点了20对鸡翅，狼吞虎咽，最后和一堆白骨拍了合影，脸都笑烂了，却不敢把照片拿出来与同事分享——很怕别人说我们滥用公款。

十年后，我一个人面对菜单却不知道自己喜欢什么，于是随意点了三个菜，吃不了多少，只是觉得要对自己好一点儿罢了。

孤独是一个没有明确答案的名词，是多种情绪的化身，是一个人必须面对很多事。正在经历的孤独，我们称之为迷茫。经历过的那些孤独，我们称之为成长。

在车站，父母转身后留给你的孤独。

热恋中，另一半挂电话留给你的孤独。

一个人进屋，油然而生的孤独。

想起一个人，却失去了对方联系方式的孤独。

身在鼎沸人群中却不被正眼看待的孤独。

同行数十人却没有共同话题的孤独。

一群人成功，自己失败的孤独。

一个人成功，其他人失败的孤独……

林林总总、密密麻麻的孤独攀上我们伸展的枝干和向阳的脸庞。

有些孤独感被我们挣脱，落入大地生根发芽。有些孤独感被风带走，千里传播，寻求共鸣。

从惧怕孤独，到忍受孤独，再到享受孤独，对于野蛮生长的我们而言，也许不过是一场电影的时间、一瓶啤酒的时间、一次失恋愈合的时间。你总会知道失败是难免的，明白黑暗是常态。你不再为"选错公交车路线，坐反开往目的地的地铁，被喜欢的人拒绝，常去的餐馆换了厨师，来不及看的影片已经下线，团购的优惠券早已过期"而郁闷，人生总会从"我就是傻缺！"慢慢变成"呵呵，我是一个傻缺"，然后变成"没事，我们都是傻缺"。与此同时，我们的父母也从"你绝对不能这样……"慢慢变成"这样真的好吗……",然后变成"你自己注意一点儿……"。

  是啊,云起时浓,云散便薄。你会突然发现自己变成了另外一个人,而你不再抗拒自己变了,只是会感叹,自己终于能平静地接受这些变化了。你也不担心未来的自己会更糟糕,好或不好,不是外界的问题,而是适应的问题。你知道了你的适应力和愈合力总比自己想象的要更强。

  这些写给自己,写给你的话,希望多年后你还能记得住。很多人缺少了另外一个人便没有了自己,无论最终你变成怎样的人,要相信这些年你都能一个人度过所有。当时你恐慌害怕的,最终会成为你面对这个世界的盔甲。

  一路上经历这样的孤独,算不算是一种虽败犹荣。

2014.5.18

目录

Contents

第一章
不要在黎明前被冻死了

- 22   纵使青春留不住
- 36   放任飘洒，终成无畏
- 45   纵有疾风来，人生不言弃
- 53   靠近你，温暖我
- 63   从90后身上学到的
- 71   你让我相信
- 84   为梦想努力十年

第二章
一个人怕孤独，两个人怕辜负

- 102   她是一个好女孩
- 107   爱过的人才明白
- 112   谢谢你一直和我争吵
- 116   好好开始，好好告别
- 128   几个在心中久久回响的关键词

第三章

趁一切还来得及

146　妈妈的钱都花在哪儿了？
154　有些错，要用一生的努力去弥补
161　不能对外婆说的话
170　十四年后的互相理解

第四章

我们的人生才刚刚开始

188　看不清未来，就把握好现在
194　生活是为什么，你是答案
200　如果一辈子只能重复某一天
204　柔软是一种力量
210　对得起自己的名字
214　把时间浪费在最重要的事情上

第五章
走一条人迹罕至的路

230　比别人坚持久一点儿

236　下雨了别跑,反正前面也是雨

241　节约生命,远离做戏

246　只因她像当年的我

251　我就是无法讨厌一个有眼光的人

255　人生何处不低谷

第六章
有太多新鲜事的世界

272　不能说出来的秘密

278　干杯啊,朋友

285　世界不一定还你以真诚

290　既要速度,也要温度

295　只是希望被记得

新增故事　你的孤独,虽败犹荣　·　299

当初你不愿听的歌,
总有一天会为一个人而听。
当初你不愿品尝的食物,
总有一天会为一个人而品尝。
对于你,
也一定会有一个人
愿意陪你看所有你想看的电影,
去所有你想去的地方,看所有你写过的日记。
你不爱人,人不爱你,
不是报应,只是时间问题。

好吃又好看的东西不能一上来就拍照，
那样显得太做作。
必须吃一口、切一块再拍。

你说："你真是够了，还有比你更做作的吗？"
我说："有种你一会儿喝咖啡的时候别让我给你拍照啊。"

我买了五瓶橙子汁,我喝完一瓶,拿了一瓶。
你喝完一瓶,也揣了一瓶。
我还多了一瓶,放进了书包里。
一路上,你都在问我为什么要买五瓶,剩下那一瓶是给谁的。
我懒得理你,你一路上都在喋喋不休,说个没完。
好端端的约会,就被你破坏得一塌糊涂。
卖橘子汁的是个老奶奶,两块钱一瓶,我给十块,
就不想让她找了,而已。

伤都是别人给的，
但痛都是自己好的。

约会的时候,你总是只要一杯水,
他常说不必省钱,你总是笑笑。
离开的时候,你对他说:
"简单的东西不一定是最好的,
但最好的东西一定是简单的。"

人一生会遇到约 3000 万的人，
两个人相爱的概率是 0.000049。
所以你不爱我，我不怪你。
我也不怪这家咖啡店，
虽然我坚持坐了一个月，也没有艳遇。

我叫刘同。

很长一段日子里，我靠写东西度过了太多的小无聊、伪伤感、假满足与真茫然。我在意细节，算敏感，但知道体谅，算善良。我说喜欢便是喜欢，我不想回答便是真的不知道如何作答。有时我佯装镇定或笑得开心，心里总觉得自己与这个世界格格不入。不停对抗，学着顺从，冷静旁观，最终明白我们都不应该是别人世界的参与者，而是自己世界的建造者。

这本书里记录了33种孤独感，希望能让你想起自己某种忘我无形的成长。

最后，愿你比别人更不怕一个人独处，愿日后想起时你会被自己感动。

情谊孤独

我们都因失去或错过某些人而失落。
可是要知道，
虽然每个人最初
都以人形出现在我们面前，
可缘分一尽，
有些人就只能化为相片、文字，
或只留下一个名字。

他们心有余，力不济，
却也能相伴到老。

第 一 章

不 要 在

黎 明 前
被 冻 死 了 ……

纵使青春留不住

有一种孤独是

明知道结局是曲终人散,可当下却不得不放声大笑,直至在这样的尽兴中流下眼泪。

一

2013年7月,大学毕业十年的我,重新回到了岳麓山下的湖南师范大学。

这个约定是十年前许下的。

2003年毕业聚餐。

全班不到二十位男同学,五十多位女同学,举杯许下的诺言。

"无论身在何方,无论是否结婚生子,无论过得光鲜还是贫瘠,十年后,我们再聚。"

感人的承诺还来不及咀嚼和回味,就被其他班级哗啦啦的敬酒给冲垮了,连着酒气熏天的豪言壮语、温婉湿润的临别赠言,在人群的喧嚣中,在天色渐渐发白的岳麓山下,一一沉于彼岸。

我不知道当时有多少人记得这句话，当时我的念头是：十年啊？恐怕已经大腹便便，恐怕已经两鬓成霜。我不知道多少人有真正的时间概念，我一直以为时间概念无非是约会不迟到、上课要准时。我连三个月之后自己在干什么都猜不到，你许一个十年的约，我只觉得也许这样的许诺会显得很牛吧。

"十年孙子不来，十年狗不来，十年后老子死了变成鬼都要来！"一人一句嬉笑怒骂。

我们宿舍十三位男生，性格各不相同。有的讲义气，动不动就帮忙出头平事；有的觉得自己特帅，每天出门前梳头发要半个小时；有的进大一就是系学生会主席，说话老气横秋；有的性格内敛，只希望毕业后不回老家就行。还有一类人如我，有任何机会都不想错过，各种面试都想参加，连手机促销员的工作都要试试。

我喝得头晕，坐在椅子上看着这些兄弟。一个一个，十年后他们会变成什么样子，我又会变成什么样子？我怕十年后一事无成，怕十年后孤身一人，担心自己没有一套属于自己的房子，担心自己买不起一辆属于自己的车子，担心自己的小说卖得太差（毕业时，路金波老师帮我出版了第一本小说《五十米深蓝》），早早就放弃了写作。我怕之后再无实现梦想的可能性。

我怕的好多，然后就吐了。

有些承诺如一根针，毫无重量，却凛冽锐利，能直挺挺地插进每个人心里，伤口细微到毫无疼痛。在时间的流淌与社会的打磨之后，伤疤和老茧交错缝合，众生坎壈，任谁都忘记了这句话的出处。我们举着酒杯,脸色泛红,20岁出头的男男女女们,谁又能想到十年之后自己的命运会如何纠葛呢?

毕业一年,生活暗无天光。置身于正在风暴四起的电视传媒中,沧海一粟随暗流漂泊,毫无抱怨。有时遇见同在长沙工作的同学,互相调侃两句,他们说:"猴子,你怎么越来越像猴子了?"我咧嘴一笑:"那还不是因为我回到了真正属于自己的地方。"

如果你认定苦是自己应得的,那么光必然会照耀到你身上。

即使是沧海一粟也终会有归宿,扛到云开风散,暗涌窒息,再漂泊的物体也会沉于海底,各有各的领土。

毕业十年,只是一个回首的时间。

我妈打电话给我:"明天你回湖南做什么?"

我说:"大学毕业十年聚会啊。"

我妈用一种难以置信的语气说:"不会吧,你毕业都已经十年了,怎么在我心里你大学毕业并没有多久。"

我在电话这头讪讪地笑。笑在我妈的心里,我仍是少年。也笑时光似风,带走了季节,也带走了青春的温度。

嗯,我毕业十年了。在从北京回长沙的高铁上,看着窗外的风景,倒退啊倒退,就想起那些年的我和我度过的日子。

毕业三年,埋头苦干,四周无光。人还是那个受到讽刺会咧嘴一笑的人,工资少了不敢和主编理论,挺孬的;被欺负了只会在角落里为自己哭一场,挺娘的。唯一做得够男人的事情就是每个月存4000块交给我妈。虽然存满一年,也买不了什么,但只是觉得这个举动很爷们儿。

毕业五年,开始在行业中摸出一些门道,成了小团队的负责人。开始有了失眠的症状,也常常从睡梦中惊醒——我总是梦见自己被公司老板开除,被当众大骂,冷汗刷背。

为什么会那么心虚?为什么总受制于人?为什么自己的命运那么容易就能被人操纵?那几年我的生活中只有工作,鲜有朋友,与大学同学也少有联络。偶尔隐身在中国同学网的班级论坛,看同学们结婚的结婚,生子的生子,发福的发福,升官的升官,心里想着:我的落点究竟在哪里?

对于绝大多数北漂的人而言,北京,仅仅是一个梦。我拼劲入睡,融入环境,只希望自己清醒时,它是个值得称道的美梦罢了。只是,刚到北京的日子,夜晚常常做噩梦。

毕业七年,工作渐上轨道,老板信任有加,不再从梦中惊醒。这时才发现生活单调得可怕。地铁、公交车、走路,每天遇见很多人,通过表情猜对方的人生,通过水果摊老板娘的水果,猜她这个月的生意。临近30岁,人生开始顺遂,却并不热闹,几乎没有出过国,也没有和伙伴们做出什么出格越轨的行迹。那时,媒体开始报道80后的榜样,韩寒成为国家公民,郭敬明转换身份成为有"中国梦"标签的商人。我在电视圈,做着几档娱乐节目,在校招的季节跟着人力资源部进校园宣传公司,常被问到一个问题:我是学新闻专业的同学,我是有新闻理想的,娱乐新闻算个什么东西?

我不知道如何回答这个问题,我从中文系毕业,十年投身于此,也曾吃苦也曾拼命,面对那些双眼灼灼、理想累累的同学,我竟然语塞。

做娱乐能算是一种理想吗?

我不止一时觉得自己过得卑微。面对朋友、家人的不理解，我只能咬牙挺住。直到有一天，我突然想明白这些质疑的本意——你如何才能向外界传达你存在的意义？

自己存在的意义，多难回答的问题啊。

在回答这个问题之前，我甚至都弄不明白：为什么贷款需要选二十年或三十年？我只能选三十年啊。为什么房子要选朝向？能住不就行了？

家里把所有的积蓄拿出来，给我凑齐了北京一套小户型的首付。我爸妈比我更兴奋，爸爸来北京出差看我，让我带他去房子的工地走走。我走到未封顶的工地，手指胡乱一指："喏，那就是我的房子。"

"哪一套？"我爸问。

"我也不知道，就是这里面的一套。"我是真的不明白，房子是哪一套有什么重要，重要的是有一套。

后来我爸一直怀疑我把首付拿去做了为非作歹的事，直到交了房我住进去，他还怀疑我是租来骗他们的——直到拿到房产证。这些在我看来，都算不上什么傻事。青春，是一个容量极其有限的内存，没有人能十全十美，有些内容存储多了，自然有些内容就缺失了。有的人左手拿着 U 盘，右手拿着硬盘，有备无患，全副武装，我看着都觉得累。

就是在这种承认自己某方面不足，却义无反顾朝着一个方向奔跑的过程中，我赶上了求职节目的兴起，成为里面的职场达人。

从小父母就教我如何待人处事，我照着学，却发现自己并不招人待见。反而当我说些自己真正想说的，不伤害他人尊严的话时，别人会更在意我、欣赏我——因为那是我的思考，而不是转述别人的思考。

后来，参加各种活动，主持人逢人就介绍我是"职场达人"。每次被这样介绍的时候，我都想把自己掐死，然后警告自己，以后再也不要参加这样的活动了。我的心虚是有原因的——钢琴好的可以称作钢琴达人，美术好的可以称作美术达人，人人都术业有专攻。我可好，职场达人，说白了就是职场小混混。

后来，为了不再混，我离开了"职场达人"这个称号。

人生就这样到了33岁。

我并不觉得这个年纪真的就到了而立之年。

古代人因为寿命太短，50岁就差不多快挂了，所以30岁再不立，不如直接挂了。而如今，人们动辄庆祝80大寿，40岁才是真正的中年吧。

所以33岁的我，以及30多岁便已被古训折腾得够呛的青年们，我们完全可以再利用好些年去挑战人生，尝试多种不可能。而这其中，就包括了与少年的我们重聚。

在人生缓缓前行的旅途中，回首张望需要勇气，直视而悠长，像是某种神圣的仪式。

这些年，在出差旅途中、在他乡与旧友和老同学的相遇，三杯两盏淡酒碰撞出来的火光，放射性地将我们的心投影在墙面上。你会发现，再强硬的外表之下，都有一根针立在那儿——"无论身在何方，无论是否结婚生子，无论过得光鲜还是贫瘠，十年后，我们再聚。"

一方面，一个人越久，就越怕一群人的热闹。

另一方面，探险已不再让人有冲动，回归过往才让人觉得温暖。

"我们聚会吧。"

同学在电话里这样说，手机上便有了一个专属的微信群。

群成员数字一个一个地增加，故事一点儿一点儿地厚重。

到了临近重聚的日子，我的内心越发忐忑，怕自己会忘记他们的样子，怕自己会忘记他们的名字，怕自己会忍不住落泪，怕自己因过于兴奋而喝醉，怕他们会说：刘同，你变了。

老同学互为照妖镜。多年后再相见，每个人都诚惶诚恐，尽力让自己回到以前的样子。不是说现在的样子自己不喜欢，而是担心老同学会忘记自己。大学同学见证了自己最青涩、最懵懂的青春，那些趁年轻犯下的错误，自己忘记了，他们却记得一清二楚。我闭上眼都能猜到他们用极其熟悉的语气对我说："就你那死样子，还给我装，还给我装。"然后自顾自地笑出来。

老同学，恐怕是世界上称呼得最生疏却对我们最知根知底的人。

二

我是班长这件事，除了我，大多数同学都忘记了。后来经过提醒——我们班人数最齐的一次郊外烧烤就是由刘同组织的——直到翻出老照片，勾起旧回忆，他们才恍然大悟。

30岁之后的我，开始陆续走进很多校园。从刚开始面对阶梯教室的300人,到报告厅的1000人,到大礼堂的3000人,到大操场的10,000人……我从当众发言会引发肠痉挛的孬种,变成了被无数人打磨之后一人说两个小时也不会停顿的话痨。

这一次十年重聚的班会,由班长主持。

9点,站在当年上课的二楼213教室,阳光灌满了教室的四分之一,讲台下坐着同学和老师,感慨万千,我张了几次嘴,都不知道第一句话到底该说什么才好,什么才对。

说"大家好",太做作。

说"我们又回来了",假high。

说"欢迎大家",我也没有那个资格。

直接切入主题,怕毁了众人享用精心烹饪的大餐的胃口。

我说:"即使在十年前的课堂上,我们班上课的人数都没有如此整齐过。"

底下小心翼翼、庄重神圣的氛围,突然变成了哄堂大笑。

女同学在底下说:"主要是你们男生都来了。"

哈哈哈,哈哈哈。笑完了,又陷入了僵局。我手头有一份流程,但我不想按流程主持,这并不是一次需要按流程完成的会议,有人从加拿大回来,有人从北上广回来,有人从其他外省赶来,我们只是想坐在一起,随便说什么都好。

郭青年不知从哪儿拿出了一把吉他,用仍然不标准的湖南洞口普通话说:"我来给大家弹一首歌吧。"

他站起来,找了教室第三排的座位,选了一个很帅的姿势,开始弹唱。

郭青年,是我们班的传奇人物。中文系大一新生作文摸底排名,其他男生折戟沉沙,郭青年上榜,全系第一。他写的那篇作文《青春》,被当作范文众人传阅,有同学复印给外校传阅,有女生因此专门和我们622寝室联谊,也只是为了睹君一面。没想到,后来郭青年决意放弃写作,他说:"我只是想写自己喜欢的,你们不要总来骚扰我。"当时我觉得他太清高,后来一系列的事情让我觉得他内心里不过是个孩子,既不想被打扰,也不需要被大人肯定。

郭青年毕业之后,考上美术系研究生,然后去新疆大学的美术学院做老师。由于某些原因,他从新疆逃回北京,自己在画家村建立了工作室,做自己的摄影展,也偶尔玩些前卫艺术,比如裸奔,被警察带进局子好几次。明年出版自己的摄影作品,在德国办展览。他说:"我最怕警察了,看见穿警服的人就双腿发软,后来为了克服这个毛病,我就找了个女警察做女朋友……"

大学我听的第一首吉他曲,也叫《青春》,也是他弹的。

今天他弹了一首《米店》。

"三月的烟雨,飘摇的南方。你坐在你空空的米店,你一手拿着苹果,一手拿着命运,在寻找你自己的香。窗外的人们匆匆忙忙,把眼光丢在潮湿的路上。你的舞步,划过空空的房间,时光就变成了烟。"

如果一个人只能全身心去做一件事情,那就是青春。纵使青春留不住,但伴随着青春生长出来的回忆,划过皮肤的温度,对未来呐喊的分贝,我们曾珍惜彼此的那些情感,都是能用文字、图片和音乐记录下来的。

郭青年穿了T恤、短裤、白袜、运动鞋。他那样一个人,为了十年聚会，认真捯饬了自己，就像第一次参加升旗仪式的少年。

他很认真地弹着吉他，小声地唱着那首歌，生怕惊动心里另一个不谙世事的孩子。

我们静静地听着，沉默，沉默，直至含泪。

时光在他的吉他声中回转，这十年我参加过很多歌手的发布会，在偌大的舞台上，他们弹着吉他，配合更好的技巧与音效，却远不如此刻好听。我分明看到郭青年将噪声隔离，让时间冷静，有风无声，阳光变成流水，看得到它们洒在郭青年身上的影子。

一群三十好几岁的大叔、大婶，昨天还因为家长里短在发牢骚，因为教的学生调皮而苦恼，今天却一言不发，只顾着流泪，缅怀青春，真是好笑的场景。

我们嘲笑过少年的无知，也嘲笑过岁月的苍老。我们行走在路上，理想宏大，眼窝却浅显。我们没进入状态时一言不发，瞬间被感动后，人人冲上讲台争说自己这十年的变化。

曾同学，读大学时我们聊天不多，她性格内向，和男同学说话会脸红。有一次女生宿舍进了贼，她面对宿管员支支吾吾急得说不出一句完整话，在我的印象里，曾同学大概就像在我们每个人生命中扮演熟人角色的人物，点头之交，之后再无了解的欲望。

我拖着行李到酒店时，她坐在接待处，看见我便热情地打招呼，说她女儿看了我的书，说她很骄傲地告诉她女儿作者是她的同学。

我当时有点儿被吓到，在我的印象中，无论十年的时间是否算长，能彻彻底底改变一个人本质的机会微乎其微。正如我，十年前，十年后，我改变的是表达方式，但真正的那个自己，仍旧有迹可循。

一曲《米店》结束,同学们陆续上台说自己这十年的改变。

曾同学上了台,还未发言,脸已因激动而发红。

她的开场是:"我从未想过十年后还能和你们相见,有些话我从来没有说过,但如果今天不说,也许再也没有机会可以说。这十年,没有人与我并行,所以我想告诉你们这些年我的故事。

"毕业后,我找不到工作,只能考研,读完研后投了无数的简历,求职未果,又在老同学牵线的单位一次又一次被刷,心如死灰。后来一个人去深圳,睡过公园,一个人在天桥下痛哭。决心转行,进入四星级酒店做服务员,惹人讶异,被人嘲笑,只能刻意隐瞒自己的学历。再后来,我进入现在的金融公司,结婚生子,从未放弃过。除了我自己,没有人知道这些故事,即使有人知道了,也很难相信。今天我想说给你们听。我从来没有放弃过生活,也没有被生活放弃。"

她一个人站在那儿,带着哭腔说完这些。集体鼓掌,有人走过去拍拍她的肩。

有时候我们说很多话,并不是想得到热切的回应,而是只要有人愿意听,愿意帮我们记住,就够了。

当曾同学说她十年经历的时候,我们在心里细细揣摩这些年的改变。同窗四年,并无二致,毕业那天之后,我们开始走上不同的人生路,进入社会不同的切面。

讲义气的成了警察,要帅的当了单位的团委书记,学生会主席已做了局长,第一个见网友的女同学嫁到国外成为家庭主妇,与男同学关系最好的女孩成了大互联网公司的销售冠军,想成就一番大事业的仍在挣扎，随心漂泊的一直祥和淡定，而我，进入传媒这一行之后便没有更多的选择，算是一条路走到黑，争取到了一些机会得以喘息。

如果十年前问我们，你们花十年去经历，会知道自己未来身处何方吗？

有关时间的提问，都是问题简单，回答太难。为了一个结果，人人都会付出种种不为人知的代价。

你的对手每年都在更换，你的伙伴也是。你的收入每年都在增加，你的消费也是。你的眼界每年都在加宽，你行走的步伐也是。你越怕别人让你失望，你就越怕自己让别人失望。有一类人，有自己的个性，想独立，有挣脱社会引力的欲望，却必须背负压力勒青全身的伤痛。谁都无法脱离"守恒"的规律，我们自觉越来越成熟，不过是越来越不在乎。盔甲再厚也无用，伤疤硬实才能防身。

三

离开十年同学聚会的第三天晚上，我收到了一条来自622寝室长的短信。

"这次相聚发现你真的长大了，成熟了。或许是因为我曾经太了解你，我发现这十年尽管你的外貌没有太大的变化，但你的心智却已经如此改变……内心为你这样的改变而高兴。祝愿，在路上的你，越来越好。"

灯火迷蒙，鸣笛遥远，我手握方向盘，不知道应该往哪个方向开。把车靠边，摇下车窗，眼里全是唏嘘后的漫漶。这条路是北京最拥堵的三环路，在最高点的位置朝前望看不到尽头，也数不清前行者的数量，每每投身于此，便感觉不到自身的重量，愁如湘江日夜潮，接二连三。

在参加十年同学会的前一夜，所有男同学全部住回湖南师范大学第五宿舍的622寝室，我推开门，那些熟悉的面孔正聚集在寝室中间的书桌上打扑克，一个一个热情异常。"Hey，你好，好久不见。"因为很久不见，大家都刻意压制内心的紧张，用热情来化解尴尬。你好。你好。你好。你好。当对第四个人点头微笑时，我已然控制不住自己的情绪，突然哽咽，一字一顿地说："我真的好想你们。"然后大哭了起来。

因为哭泣，我从梦里惊醒。而那时，我身处早上5点28分的北京。离十年相聚已不到24小时的时间。

我不希望自己只能趴在回忆的缝隙中望着过去，不敢惊扰。新情旧恨，日暖朝夕，人来人往，放任成滂沱。

我不希望只记得你们的样子，像雕塑，尘封在记忆的相片中。

我不希望只能在老去时提起一切，只能说一句，人生长恨水长东。

我希望自己在没有麻木之前还能尽力用文字记住过往每个在自己身上留下印迹的人，记住每种感动过自己的温度，记住让我成为今天的自己的一切。这些组合起来，就是一个人的青春。

纵使青春留不住。

曾经一度，我讨厌自己动不动就会流泪的矫情。现在的我，却越来越能接受自己被打动的瞬间。因为不怕被人看到情感的脆弱，反而能比别人得到更多的感动。毕业前十年，同学间鲜有机会联络，这次聚会之后没多久，大家听说我要去广州出差，一帮同学就热热闹闹地跑到了广州聚会。还没吃夜宵，就喝得烂醉。有些人，走着走着就不见了，但还有些人，走着走着，又在路口集合了。相亲相见知何日，此时此夜难为情，事事如棋局局新，人人如画张张喜。

2014.1.7

放任飘洒,终成无畏

有一种孤独是

多年后突然回头看自己来时的路,才发现曾有一段日子自己一直在重复、重复,被现实卷进孤独的旋涡。

小五是我十六年前的朋友。

回忆就像女儿红一般被埋在土里,偶尔想起来挖两锹土,都会醉到半死。一群人怀旧,就着往事下酒,睫毛上满是青翠的湿气,饱含垂涎欲滴的温柔。

"你们还记得小五吗?"有人问。

没有人回答,不是因为忘记了,而是没有人知道他在何处。记得一个人,也许不仅仅是只放在心里。

大家都只是听说,小五读大学的女友怀孕,打胎缺钱,去了黑诊所,导致大出血没有抢救过来。不堪女方家人的纠缠,小五连退学都没有办,就消失在了所有人的视线中。

我坚信他一定会出现,在我的印象中,无论怎样的战役,对于输赢,他总是拥有自己的态度。

小五是我儿时玩街机最要好的格斗游戏玩伴。

我曾放下豪言壮语，我选春丽，万夫莫开。其他人都跟我打嘴仗，只有小五说："给我一星期的时间，我存5块钱，到时谁输谁买5块钱的游戏币。"

其实他完全可以不赌这5块钱。我骂他是个蠢货，他倒也不避不躲："我不相信一件事情的结局，我更相信自己的判断。但如果我真输了这5块钱，就是给自己一个提醒。我最怕失败时难受，事后却忘记了。5块钱不过是我所能付出的最大的代价。"

十七八岁的我丝毫不在意他那些充满哲理的人生规则。既然放开玩了，当然就是冲着赢去的。三下五除二，小五存了一周的5块钱被顺利换成了游戏币。我分了一半给他，他心怀感激，我若无其事。

我和小五迅速成为玩得一手好格斗游戏的战友。他一直在为自己的失败埋单。他总是问我，为什么他会输，为什么我总有克制他的方法，为什么我对于游戏手柄那么熟练，感觉不用动脑子一样。

我看着他求知若渴的样子，深深地叹了口气，说："小五，如果你对于学习也这么认真的话，你考不上清华北大，天理难容啊！"小五撇撇嘴，不置可否，继续追问。我说他："每次你输得那么厉害，输那么多次，正常人都气急败坏了，你心态倒是蛮好的。"他说是因为小时候常和别人打架，打输了回家就哭，不是因为太疼，而是因为不甘心。他爸又会加揍他一顿，然后教育他有哭的工夫不如好好想一想为什么每次打架都输，面对失败才是赢的第一步。

我说:"我看你也没赢过我啊?"

他说:"是啊,所以你怎么总是能赢我呢?"

我说:"你玩游戏只是兴趣,而我靠的是专注。你会考虑如果自己输了要付出怎样的代价,而我根本不会去想输这件事!"

他心有不甘,想要反驳。我说:"不用,不用。"

兴趣可以用来打发青春时光,而专注是可以发财的。

可惜的是,我并没有靠玩游戏发财,反而因为放学后老玩游戏而被父母罚跪、被老师罚站。小五的父母忙于教育比他还不听话的姐姐,老师对他的惩罚也进入疲于奔命的阶段,最终变得熟视无睹。放学时他经过我身旁,招牌似的撇着嘴说:"要想从一个人心里彻底解脱,就是不要让他对你抱有任何希望。"夕阳斜射在他的右肩,铺了一层美丽又朦胧的光晕,像圣斗士的盔甲。他的语气有些戏谑的成分,潇洒爆了。直至多年以后,我再次想起这个场景,才突然读出他的一点点无奈。年轻,凡事都是迎面而上,一张脆青的脸,被生生击得粉碎却也肆意飘荡,哪有茹毛饮血后的回甘。

那时大多数高中生以为人生只有一条大路,两个人稍微有一些共同爱好,就觉得我们是这条路上的唯一同伴。我和小五任何话题都一起聊,任何心事都拿出来交流,一起上学,一起放学,下课一起去厕所,晚自习分享同一盘磁带。连暗恋女同学也要商量好,你暗恋那个好看的,我就暗恋好看的旁边那个不怎么好看的。那时,谁也不知道有些路是能自己一个人走出来的,也就自然不知道还有些路是不需要那么多人一块儿走的。

高考前，小五放弃了。他说反正他就读的学校只是一个包分配的专业学校而已。而我也在滚滚的洪流中找到了所谓的救命稻草——如果高考不努力，就得一辈子留在这个城市里。

有人拼命挣脱，终为无谓。

有人放任飘洒，终成无畏。

我考到了外地，小五留在本地。原以为我们捆绑在一起的人生路，似乎也走到了分岔路。

开学前，老同学们约出来给彼此送行。几瓶酒下肚，我们说大家仍要做一辈子的好朋友。借着酒意，我和小五去游戏厅又对战了一局《街头霸王》，我胜得轻轻松松。一起回家的路上，他的双眼因酒精而通红，一句话都没说。

那时申请的QQ号还是五位数，电子邮件毫不流行，BP机太烦琐，手机买不起，十七八岁的少年之间都保持着通信的习惯。小五的信我也时常收到一些，以薰衣草为背景的信纸，散发着淡淡的薰衣草的味道，上面的字迹潦草，想到哪儿写到哪儿，没有情绪的铺陈，只有情节的交代，一看就是上课无聊，女同学们都在写信，他顺了一页凑热闹写的罢了。我说与其这样写还不如不写，他却说凡事有个结果，总比没结果好，哪怕是个坏结果。

我却不想敷衍。认识了一些人，明白了一些事，我却找不到人陪我一起玩游戏，也找不到能一起喝酒谈心的人，于是喝酒成了一种微笑的应酬，一杯干尽成为历史，一杯撑满一顿饭倒是常事——不是新同学不好，而是我开始明白，人与人之间走的路恐怕是不太一样的，不用花时间在每一个人身上，你想走谁的路，想与谁结伴，也要看对方是否愿意。我把这样的心迹一一记录下来，然后当作信寄给小五。

这样内容的信几乎都是有去无回。幸亏我需要的并不是答案，只是把心里想的用文字记录下来，排列整齐，与之分享。

有一天，他突然来信说："我让女孩怀孕了，让她自己去堕胎，去大医院钱不够，她找了个小诊所，医生没有执照，女孩大出血，没抢救过来。她家找来学校，我读不了书了，你不用再给我写信了。"这是他写过的最有内容的信，言简意赅，却描绘了一片腥风血雨。

我拨通小五宿舍的电话，他已经离开了，所有人都在找他。他已决意放弃学业，留给别人一团乱麻，自己一刀斩断后路。

再见小五是两年之后。同学说有人找我，我抬头看到小五站在宿舍门口，对着我笑。身穿格子衬衫，隔夜未刮的胡须，散发出像被香烟熏过的味道。太阳像高中时那般打在他的右肩上，铺陈着一层淡淡的光晕，就像这两年被生活打磨而成的圣衣。

"你还好吗？幸亏我还记得你的宿舍号码。"小五比我淡然。

"你没死啊？！我还以为你死了！！妈呀！！你居然……"我激动得话都说不出来，冲上去搂住他，眼里飙的全是泪。不搂死他，简直对不住这些年为他流露过的悲伤。

"我们所有人一直在打听你的消息，你这两年到底去哪儿了？！"

两年是一段不短的日子，尤其对于读大学的我们。大学里一天就能改变一个人，更何况是两年。

小五嘿嘿一笑，说他绝对不会无缘无故消失的，也许两年对我们很长，对他而言，不过是一个故事结束的时长而已，他一定会回来的。

两年前，从学校离开之后他登上了前往广东的列车，但怕女孩家人报警，于是去了广东增城旁边的县城，在一家修车厂做汽车修理工，靠着脑子快和手脚麻利，很快就成为厂里独当一面的修理工。每个月挣着2000块左右的工资，他会拿出几百块寄回家，自己留几百块，剩下的以匿名的方式寄往女孩的父母家。一切风平浪静，小五以为自己会在广东的小县城结婚生子，直到有一天他突然看到了女孩家乡编号的车牌号码出现在了厂里，司机貌似女孩的哥哥，他想都没想，立刻收拾东西逃离，就像当年逃离学校一般。

坐在学校路边的大排档，我给他倒了一杯酒，自己先一饮而尽。他苦笑了笑，也不甘于后。我说："你放开喝吧，大不了我把你扛回去，你睡我的床就行。"

没人知道这几年小五是怎么过的。喝酒之前，我本想约他去打局电动游戏缓解尴尬气氛，可余光瞟到他的手已经变得完全不同了，指甲不长，却因为长年修车堆积了难以清洗的黑色油污，手背上有几道疤痕，他说是被零件剌伤的。他嘚瑟地说其他学徒补车胎只会冷补，而他是唯一能熟练给车胎热补的人，看我一脸茫然，他继续嘚瑟："热补是最彻底的补胎措施，要将专用的生胶片贴在车胎的创口处，然后再用烘烤机对伤口进行烘烤，直到生胶片与轮胎完全贴合才行。掌握度非常难，稍微过了的话，车胎就会被烧焦。"

就像我不懂冷补车胎与热补车胎究竟有什么不同，他也不懂为什么读中文系的我立志一定要做传媒。我们都不懂对方选择的生活，但是我们会对彼此笑一笑，干一杯，然后说："我知道你干的这件事并不仅是热爱，而且是专注。"

酒过三巡，小五比之前更加沉默。我再也看不到当初眼里放光的小五，也看不到经过我身边时轻蔑鄙视我的小五。他如一块沉重的磁铁，将所有黑色吸附于身，他想遁入夜色，尽量隐藏原本的样子。我说："你已经连续几年给女孩家寄生活费了，能弥补的也尽力在弥补了，但你不能让这件事情毁了你的生活。更何况，这件事情与你并没有直接的关系，是女孩选择了黑诊所，道义上你错了，但是你没有直接的刑事责任。"

小五没有点头，也没有反驳，仍像一块沉重的磁铁，吸附所有的黑暗，想遁入夜色之中。回宿舍的路，又长又寂寞，小五说："还记得读高中时你问我，为什么每次我失败之后总会问赢家理由，我的回答是，面对失败才是赢的第一步。你说得对，无论如何，我不能再逃避了。"他做了决定，无论结局如何，不再流亡，不再逃避，这是恢复正常生活的第一步。

时间又过了大概一周。凌晨一点，宿舍的同学们都睡着了，突然电话铃声大作，我莫名地感觉一定是小五打给我的。我穿着裤衩，抱着电话跑到走廊上应答。

"同同，我去了女孩家。"小五带着疲惫的声音透过话筒传了过来。

我屏住呼吸，蜷缩着蹲在地上，一面抵御寒冷，一面想全神贯注地听清楚小五说的每一句话。

"她还在，没死，也没怀过孕，那是她哥哥想用这个方法让我赔钱而已，听说我辍学之后她很后悔，一直在找我，但一直找不到……"话说到一半，小五在电话的那头沉默了，传出了刻意压抑的抽泣声。

"你会不会觉得我特别傻？这两年一直像蠢货一样逃避着并不存在的事。"

"怎么会，当然不会。"我说不出更多安慰的话。

生活残忍，许以时间刀刀割肉。十七八岁的时候，一次格斗游戏的输赢不过三分钟的光阴，而小五的这一次输赢却花了人生最重要的那两年。

我说："小五，你不傻。如果你今天不面对的话，你会一直输下去。面对它，哪怕抱着必输的心态，也是重新翻盘的开始。你自己也说过，逃避的人，才是永远的输家。"

"同同，我输了两年，终于在今天结束了。心有不甘，却无以为继。你说，我下一场战役需要多久才会有结局呢？"

那天是2002年10月16日，秋天，凉意很重。

之后的十一年，小五再也没有回过家乡，我们也鲜有联络。高中同学聚会的时候常有人问起："小五在哪儿，你们知道吗？"

没有人知道，大家都在叹息，觉得他的一生就被那个虚无的谎言给毁了。我什么都没说，诚如我和小五的对话，有的战役三分钟比出输赢，有的战役两年才有结局，有的战役十年也不算长。对于小五而言，一个敢于面对的33岁男人，他下一次出现时，一定是带着满脸笑意,与我毫无隔阂,仍能在大排档喝酒到天亮,在游戏厅玩《街头霸王》到尽兴,始终称兄道弟的那个人吧。

"逃避,就一直是输家;唯有面对,才是要赢的第一步。"这句话真好,17岁的小五这么说。

现在的小五已经在北方的小城市成家,和妻子开了一间小小的面包店。早起、晚睡,那样的生活似乎可以把一天重复一万遍。小小五满百天的时候,我问小五:"现在会不会觉得生活无聊呢?以前你是一个那么漂泊,有那么多信念和理想的人,现在却能把同样的一天过一万遍,怎么做到的?"喝了一点儿酒的小五拍着我的肩膀,眼睛里闪着光,说:"以前我四处躲藏,每天都是痛苦的,我把痛苦的一天重复了两年。现在我和她在一起,第一天我就觉得是幸福的,所以我要把幸福的一天重复一万遍。"说完,小五满脸都是泪。

也许,一切都是最好的安排。

2014.1.18

纵有疾风来，人生不言弃

有一种孤独是

与志同道合的人定下目标，没皮没脸地往前冲，等到离光明不远的时候，你扭头一看，却发现志同道合的人已经不见了。

谁也无法预计自己在何时会遇见怎样的人。

经过多年的回忆，我发现，人与人擦肩时，往往会投来短暂且善意的眼光，你以为对方只是在浅显地打量，但对方表达的却是友善的"你好"。你伸出手，便能并肩行走。你错过，便再无下文。

人与人之间的关系一开始都很简单，只是相识之后，才会随着时间与相知而变得越来越复杂。

1999 年，我 18 岁，从湖南的小城市郴州进入省会长沙读大学。从未接触过同城之外的同学，也从来没有认真使用普通话与人交流。连起码的问候，也只是在佯装的自然中探索前行。那时的我是一个极其缺乏自信的人，唯唯诺诺的性格，最先生厌的人便是自己。

因为不知道如何与同学交流，穿了军训服便把帽檐压得很低，尽量不与人目光对视，尽量避开所有迎来的注视。坐在床沿上，看各地的同学迅速地彼此熟络、互相递烟以及刚开始流行不久的互发槟榔。香烟和槟榔递到我这儿时，我很僵硬地摇头，本来想说谢谢，也许是因为普通话使用不利落，也许是因为脸涨红，总之最后一个字也说不出来。

因为害怕与人交流，居然就喜欢上了军训。站得笔直，任太阳拼命地晒，彼此不需要找搭讪的理由，也不需要找如何继续话题的转折点，教官在一旁狠狠地盯着每一个人，谁说话就严惩谁，这样的制度也正合我意。

湖南师范大学很大，正赶上我们那年扩招，新生特别多。师范大学的传统是军训期间要编一本供所有新生阅读的《军训特刊》，这个任务自然由我们文学院来完成。我还记得那是一本每周一期的特刊，上面是各个院系同学发表的军训感悟，不仅写了名字，还写了班次。特刊并不成规模，但对于中文系的我们来说却是趋之若鹜。而它产生驱动力还有一个重要的原因——第一期的卷首语写得很好，落款是李旭林，99中文系。

99中文系，和我们同一年级、同一系别。在大多数人什么还没弄明白的情况下，居然就有同学在为全校新生写卷首语了。同学们争抢着看特刊编委会的名单，"李旭林"三个字赫然印在副主编的位置上。

这个名字迅速就在新生中蔓延开来。在军训时，有人悄悄地议论，那边那个男孩就是李旭林。顺着同学的指示看过去，一位身着干净的白衬衣、戴金丝眼镜、面容消瘦的男同学正拿着相机给其他院系的军训队列拍照片。

后来听说他是师范中专的保送生，家里条件不好，靠自己努力争取到读大学的名额。写文章很有一手，所以一进学校就被任命为文学院的宣传部副部长。再听说，他在读中专的时候就发表了多少多少诗歌、多少多少文章，女生们在聊起"李旭林"三个字时眼神里全是光芒，闲聊的信息里也包括了"他的字是多么隽永，家境是多么贫寒，性格是多么孤傲"，印象里的才子就应该是这样的。

从来就没有想过自己能与这样的人成为同学，当然也就更没有想过能和这样的人成为朋友。即使后来知道他与自己是同乡，同样在郴州城里读了好几年的书，但感觉上的那种遥远仍然存在，不因"同乡"这个词而靠近。我相信每个人都有过那样的感受——自己与他人的差距不在于身高、年纪、出身或是其他，而是别人一直努力而使自己产生的某种羞愧感。我觉得我与李旭林之间便是这样的差距。

大学生活顺利地过了三个月，院学生会招学生干部，我也就参照要求报了宣传部干事的职位。中午去文学院学生会办公室时，李旭林正在办公室写毛笔字，看见我进来便说："同学，你毛笔字怎么样？"

除了会写字，我的字实在算不上规整，更不用提有型了。

看我没什么反应，他一边继续写，一边问我的情况。

我没有发表过文章，也从来不写文章，字也写得不好，只是中小学时常常给班级出黑板报，没有其他的特长，唯一的优点恐怕就是有理想了，连性格开朗都算不上。

"哦，对了，我也是郴州的。"最后我补充了一句，同时咧开嘴笑了起来。那是发自内心的笑，因为实在无法在各种对话中找到与对方的一丝共鸣，那是我不丢面子地解决自己尴尬的最后一根稻草。即使他没有任何反应，我也能全身而退。

"哦，是吗？那还挺巧的。"他推了推自己的眼镜，并没有看到我灿烂的笑，继续把注意力放在毛笔字上。

我略带失望地继续说着："我想报名学生会的干事，具体哪个部门我也没有要求，总之我会干事情。"

"那你下午再来吧，我大概知道了。"他依然没有看我这边。

"那先谢谢你了。"我不抱任何希望地走了出去。

"你叫什么名字？"

"刘同。"

"我叫李旭林。"

"我知道。"

"哦，对，你说你也是郴州人……"这时他才转过头来看着我，身形与脸庞一样消瘦，但不缺朝气。看他的嘴角微微地笑了笑，我补充了一句："早在《军训特刊》时就知道了。"

"哦，这样啊。那你住哪个宿舍？"

"518。"

"我在520，就隔一个宿舍，有时间找我。"李旭林的语气中有了一些热情。那一点点热情，让我觉得，似乎，他平时很少与人沟通，更准确地说他似乎也很少有朋友。印象里，他一直独来独往，没有打交道之前，觉得他瞧不起人。而那句"有时间找我"却让我笃定他一定不是客套。

"真的?"

"当然,都是老乡嘛,互相帮助,一起成长。"话语中带着惯有的保送生的气势,但并不阻碍他的真诚。

我妈常托人送很多吃的过来,她害怕我第一次在外生活不会照顾自己,牛奶一次送两箱外加奶粉十袋。同宿舍的同学结伴出去玩电脑游戏了,我就拿了两袋奶粉走到520宿舍。李旭林正在自己的书桌前写着什么,我进门时把屋外的光影遮成了暗色,他扭头看见我,立刻把笔搁在了桌上,等着我开口。

"我也没什么事,就是过来看看你。我妈担心我,于是托人送了很多东西来,我吃不完,也没几个朋友,所以给你拿了过来。喏。"李旭林的脸涨得通红,忘记他当时说了句什么,然后将桌上的稿纸拿过来给我看,以掩饰他的不安。

上面的话已经记不清楚了,依稀是有关年轻人放飞理想的壮志豪言,排列和比喻相当老练,不是我的能力可以达到的。环顾寝室,他的床位在第一个下铺,阴冷、潮湿,墙面上贴着他的毛笔字,大约也是励志之类的话,再看他的眼神,对未来充满了信心。那是我之前所不曾接触过的眼神。

有时寝室熄灯了,我们会在走廊上聊天。我从不掩饰自己对他的崇拜,刚开始他特别尴尬,后来就顺势笑一笑,然后说:"其实一点儿都不难,我看过你写的东西,挺好的,如果你能坚持下去,我保证能让你发表。"

一听说能发表,我整个人就像被点燃了一样。如果文章能发表,就能被很多人看到,一想到能被很多人看到,我突然就增添了很多自信和想象中的成就感。

在他的建议和帮助下，我开始尝试着写一些小的文章，他便帮我从几十篇文章里挑出一两篇拿到校报去发表。拿着油印出来的报纸，他比我还兴奋，常常对我说的话是："你肯定没有问题的。"

这句话一直都有印象，以至于今天，如果遇见了特别有才华，但没有什么自信和机会的人，我都会模仿李旭林的语气说："加油，你肯定没有问题的。"因为我深知，对于一个对未来没有任何把握的人，听到这句话时心里的坚定和暖意。

再后来，他成为文学院院报的主编，也就顺理成章地找了每天愿意写东西的我当责编，帮忙负责挑错别字，帮忙排版，帮忙向师哥师姐们约稿。

我问："那么多人为什么要挑我做责编？难道只是因为我们是朋友？"

他说："那么多人，只有你会坚持每天都写一篇文章。好不好另说，但我知道你一定是希望越写越好的。"

这个话至今仍埋在我的心里，无论是写作还是工作。很多事情，我会因为做得不够好而自责，却从来不想放弃。好不好另说，能一直坚持下去，并希望越做越好，是我永远的信条。

大二到大三那段做院报的日子里，有关表演话剧的理论、电影的影评、关于诗歌的理想、回忆质朴家乡的文稿……一篇一篇在我手中翻阅过，生活中一个个或面无表情或热情开朗的他们，内心的世界远比我想象中更热烈或更宁静。

回想起那段时光，再看看现在的自己。与以往不同的是，我现在越来越少看周围朋友的文字了，总是试着从他们的表情中读取他们的内心，其实这不准确也不够负责。了解一个人，要看他对自己说的那些话，那才是他的内心。

关于贫困这件事，李旭林并不当作负担，而是一如既往地无所谓。一个月的生活费来源全是不多的稿费，有时吃饭我执意埋单，编造出各种各样的理由：我妈来看我了，我爸给我的私房钱，我舅欠我的压岁钱。他看着我，最后总会叹一口气，然后说："我知道你为我考虑，但请真的为我考虑才好啊！"

这句话，我听了几次都没怎么懂，仍旧凭着一腔热情抢着付账，他也一再执意争抢，只是总摇摇头，略微苦笑。

无论生活费如何窘迫，李旭林一直都是意气风发、朝气蓬勃的。大四毕业时，他出版了自己的诗集，是他多年的作品，薄薄的一本，一个字一个字都是他在停止供电后的烛光下写出来的。他送给我的诗集扉页上写了我的名字，以及与我共勉的话。其实那时我们见面的机会已经很少了，我每天都去湖南台实习，而他也常常奔波于报社，我们都在为自己的将来努力。他把诗集送我时，眼含热泪，我也瞬间红了眼眶。大学四年，我们无数次畅想自己的文字能结集成册的那一天，我们知道彼此一直没有放弃过写作。

大学毕业后一年，我在学校旁边的商业街遇到他。老朋友相见，满篇腹稿却无从说起，他问我怎么样，我说挺好的。他说他也挺好，就是忙。

这几年来，我零星听到有同学说也在那条商业街遇见过他。他带着女朋友，和同学们交换了名片，名片上写着教育报社。这是我听到的唯一的关于他的消息，但也足以自傲了，他一直都没有离开过他的理想：从师大毕业，当一名教师或者教育战线上的工作者。由于大学里他朋友很少，后来我来了北京，便再也没有听到过他的消息，但他的作品还在我书架上摆着，希望下一次遇见时，我能够亲手把自己的作品送给他，并告诉他：大学毕业后，我出版了第一本小说……直到现在也没放弃，直到未来。

每个人的人生中都有很多很多的转弯，但总有那么几个人让你转弯时不心惊不胆战，告诉你朝着那个方向就对了，并给你强大的力量。如果在大学没有遇见李旭林，我也许不会走上写作这条路，一写就是十五年，有没有成绩另说，但在这样的坚持中，我看到了真实的自己，也在长年累月堆积的文字里，读懂了自己。

后来的日子里，我也遇见了一些有热血、有温度、有才华的年轻人，虽然不认识，但我总是有勇气迎上去，说一句："你真厉害，一定可以的。"看着他们那种惶恐又不知所措的眼神，我总会想到自己。偶尔，他们也会酸酸地对我说一句："同哥，谢谢你哦。"我就会当作什么都没有听到一般忽略掉，当年李旭林就是这么对我的，我觉得他顾左右而言他的样子老帅了。

我想，未来一定还有机会见到李旭林，而我们也将像大学时那样，坐下来，吃吃饭聊聊天，为彼此骄傲。我想对他说的话很多，但最重要的是：谢谢你改变了我，让我能够成为力所能及去帮助别人的人。

2014.1.22

靠近你，温暖我

有一种孤独是

突然想到一个人，却发现已经没有了对方的联系方式。

第一次听 *Say You, Say Me* 是在 17 岁的夏天，听望子在比赛中唱的。

整篇歌词听不懂几个字，仅能听懂的"Say You, Say Me"翻译过来是"说你，说我"，像极了"人山人海"的翻译"People Mountain People Sea"。望子看我那么投入地摇摆，微笑着朝我做了一个手势，下台后她问我："是不是觉得人生知己难寻？"

我不明白她问这句话的意思，但以我的高情商，我很自然地点点头，并带着一丝忧虑的表情若有所思地回答："一望无际，感觉星星点点布满生命，但其实每颗星与星之间的距离却那么遥远。"

望子看着我，愣了半天，怔怔神，特别激动地说："你是第一个听完这首歌能说出这些感慨的人，你能帮我写一首词吗？你一定能成为一名特别好的作词人。我一定会好好唱的。快快快,答应我!!!"

台上分数已经出来,望子作为选手要候场,她特别诚恳地等着我点头,我没有道理拒绝一名未来歌手的请求,于是点点头,望子兴奋地尖叫一声跑去候场。所有人望向我们这边,我心里还在翻江倒海地猜测,我究竟说错什么了?

望子拿了比赛的冠军,她在舞台上说:"音乐是世界上最了不起的玩意儿,今天最重要的事不是拿了冠军,而是通过对音乐的解读,我与一位朋友的距离更近了。我希望未来我们能创作出更好的作品。"

同学戳戳我:"你不是完全不懂她唱的是什么吗?"

我很淡定:"是啊。"

"那望子为什么说你能解读出那么多感受?"

"你傻啊?!音乐指的是旋律以及歌手所表达的情绪。如果一首歌曲,不看词就能猜出其中的意思,那就是音乐的成功。"我自己真的就这么相信了。

回去查了才知道,这是某部不太知名的电影中一首很知名的主题曲。电影讲的是一名芭蕾舞男演员和一名美国黑人踢踏舞演员策划出逃时结下的友谊。"Say You, Say Me"倒也不是"说你,说我"这种大家从字面上理解的意思,而是"说出你自己,说出我自己",望子所说的"人生知己难寻",大概就是这个意思。人与人交往,需要用尽可能准确的语言去表达一个完整的自己,这样才会被人理解、靠近,而后温暖彼此吧。

望子不是一个喜欢上课的学生。她就读于美术学院，却想做歌手。她说："做歌手比做画家牛多了，好歌手唱完，观众立刻就能反馈感受。大画家画完，好多都是死了之后大家才起立鼓掌。"

望子说："我等不了那么久啊，搞不好哪天我就被喜欢我我又喜欢他的男青年带回家，然后其他男青年看不惯，过来挑事。我本想当个和事佬劝劝架，一个一个给他们发号，让他们排队跟我谈恋爱，却不小心被飞来的啤酒瓶砸中脑袋，本来大家都想带个姑娘回家睡觉，突然变成要送一个姑娘去医院包扎，兴致被扫得一干二净，最后我自己走路到医院，因为失血过多死在了医院，怎么办？"

听完望子这段话，我觉得她还是别做画家，也别做歌手，当个作家或编剧最适合她。

望子总觉得人生苦短，就该尽兴。嘴里总叨叨着哪个乐队的哪个主唱特别帅，真想和对方谈恋爱。我说："你长得漂亮，身材又好，美术功底专业前几，唱歌又小有名气，你不能太主动，你只能等那些主唱过来表白才行，不然太吃亏啦！"

"难道这样，我就不吃亏了？"她问我。

我说大概吧。她居然陷入了沉思，十几分钟没有说话，然后说："不行，不行。"

我问："怎么啦？"

她说："女孩还是要主动，像条汉子。就算男朋友换了很多，别人顶多说我清高，居无定所，谁也降伏不了我。如果我总等着别人来上手，别人铁定会说望子那个女孩真是太容易得手了，不出一个月我就变公共汽车了。"

主动，还真是能化劣势为优势的法宝啊！

说归说，但哪怕说到口干舌燥，望子身边也没出现什么男人，倒是很多姑娘觉得望子美极了，天天出钱买酒送花，总想黏着她。望子很烦，却又不得不表现出一副受宠若惊的样子。她很焦虑："虽然席慕蓉说一个人真正的魅力不仅仅是吸引异性，可是没有异性缘，同性朋友一大堆，也不是什么好事呀！我是不是控制力太差了，还是魅力比想象中强太多，一个人总被自己不感兴趣的人或事围绕着，我这辈子就作茧自缚，完蛋了啊！"

后来只要有帅主唱的乐队演出，望子就会带着一群姑娘去捧场，她望着台上，姑娘们望着她，她说："台上的，你帅爆了。"姑娘们就"干杯"说："你是我们的！"没过两天，就有人传说望子是妈妈桑，每天带着一群小姐打着爱音乐的幌子其实在做鸡。

"他们也不看看老娘的样子，老娘难道就像妈妈桑吗？！老娘凭什么不能像鸡啊？！他们瞎了眼吗？！同？！你说我像吗？！"

"像什么？！"一群朋友诚惶诚恐。

"鸡啊！"

"像像像，尤其像那种被客人不经意点了一次，事后哭着求着要收你做干女儿，然后希望你别再出来接客，只跟他一个人，未来他觉得再和你发生亲密关系就是在玷污你们之间的情感，然后愿意给你出钱读研读出国深造的那种鸡。"

望子很开心，大笑两声："干杯！"一饮而尽。

然后大家又会陷入沉思，唉，到哪里才能找到一个对我们那么好的人呢？

写歌词的事情望子念念不忘，她总会在陌生与半陌生的人面前夸赞我，说我是天生的词人，如果生活在古代，艳名定会大震江南横扫长安，没准我们的高考语文里还会问当时这个作者要表达什么意思呢。一开始我很紧张，总是说哪有哪有，后来我发现因为望子一直没找到给歌词谱曲的人，所以也没有人能看到我的词，于是我就恭敬不如从命地接受了望子的赞美。

望子喜欢唱英文歌，尤其是老电影的主题曲。她说："其实画家、歌手，和作家都很像，都是脑子里必须有丰富的画面。一部电影就是一个时代、一种人生，每唱一次主题曲，就像自己经历了某种生离死别，唱也唱得极致，哭也哭得尽兴。"

Careless Whisper、*When a Man Loves a Woman*、*Hero* 是她最爱唱的三首歌，她问我怎样。我已经学会不在歌词中做文章，也学会认真地听她的演唱，我说："虽然我很喜欢你唱这些歌的样子，但我不喜欢你总把自己放在一个浓雾笼罩的情绪中。悲伤也是一种毒品，久了就无法自拔。"

她的眼神满是睥睨，那是她思考的样子。我补了一句："没人喜欢一只每天自怨自艾的鸡，你到底想不想遇到一个要帮你改变人生的人？"

她立刻哈哈大笑两声："干杯，干杯！"又一饮而尽。

因为找工作的压力，我开始利用多数的空余时间去实习，晚上下班累得半死，还要准备第二天的材料。几次望子约我喝酒我都错过了，她调侃我再这么干下去，才华就油尽灯枯，小心变成植物人。我说："即便自己干到油尽灯枯，也比等被人发掘强。在时间的风暴中,熬成了化石,就只能用来展览了。"她在电话那头呵呵呵地笑,然后说:"好好干,姐相信你可以的。"

后来见面的机会甚少,多数交流都是通过电话进行的。扯扯淡,斗斗嘴,她知道了我正在努力写第一本小说,我知道她依然是一个人跑酒吧的场子。但我们都不知道对方生活的细节,我们极力呈现给对方的感觉是:嗯,很累,但是我还扛得住。

有时,我会发现我们都在变,望子和我都变得不再开生活的玩笑。有时又觉得我们也都没变,我们仍在特别努力地生活,希望自己的纯度能够高一些再高一些。

听说她在电视台举办的歌手大赛中获奖了,我会在凌晨打电话过去祝贺,她接不到,我就补条短信。听说我顺利找到工作了,她也会专程打电话过来恭喜,说我是她的榜样,值得她学习。如果电话那头的人不是望子,我肯定会被这种客套恶心坏了,因为是她,所以我知道她说的全是真心话,如果不认真继续,怎么对得起她对我那些没完没了的褒奖。

印象中,我们发过的最后一条短信,大概是说她想停学到处去走走,征求我的意见。说是征求,不过是想获得我的支持,以我那么高的情商怎么会阻止她,我在短信里说:"真羡慕你能够对自己的人生如此宽宏,我极其羡慕,却根本做不到。你唯一要注意的是自己的安全,如果有困难一定要记得给我打电话,虽然我也帮不了什么忙,但最起码你死之前,还会知道远方有人心里有个你。"

她回:"再见!!"

两个并列的感叹号,就像我和她。我们都是主动型人格,站在那里，只要有人善意地望向我们，我们的心就会自然地靠过去，没有任何芥蒂和防备。只不过这样的人，对自己也决绝。我似乎能想象到，她在手机里输入"再见"，然后加了一个感叹号，停顿了一秒，又加了一个感叹号时脸上的表情。她究竟想要表达什么？还是说她已经知道，这一次的外出并无计划，只是潜入时间的河流，置身事外地投入，哪一站都可以是落脚点？

之后，果真没了联系。

我临近毕业，再也没有她的消息，偶尔给她发短信她也没有回过，她的博客也停止了更新。我曾想给她拨电话，却又忍住，原因不得而知，大概是觉得自己不应该进入她生命的河流，惊溅一身水花。

后面几年，我听到很多传闻。比如，她在旅途中遭遇车祸，然后被当地人救起，于是她就在当地结婚生子与所有人断了联系；比如，她身患重病，所以停学，趁生命最后的时光四处看看，最后惨死异乡旅馆。以嫁人或离世结束的传闻，我都能接受，望子每天嗤之以鼻的事件若真的发生，她应该也是自嘲着接纳吧。最离谱的传闻是她在四处游荡中染上吸毒恶习，被人看到过着最原始的糜烂的群居生活，无法自拔，迷失在人生的汪洋里。

我受不了关于她的那么多传闻，终于决定拨她的电话。

停机。

这些年，我总是会很认真地想起望子这个人。

她总是把事情想得很糟糕，因为她小时候经历的事情都太糟糕，这里不表。她说把事情想得糟糕一点儿挺好的，比如每次都觉得自己会死掉，但没死，就能捂着胸口对自己说："好险，好险，命真好。"

望子是一个把根扎在阴暗面里的人，只有这样的人才能探出头接纳最温煦的日光。我不相信周围人对她的种种传言。

早几年，我曾把自己私人博客里的所有留言挨个看了个遍，有一些只有 IP 地址没有姓名的留言让人记忆深刻。

留言说：无论远远或近近地观察你，总觉得有一股熟悉的暖意让人觉得开心。我很好，希望你也很好。

留言说：时间不是河流，冲不走任何人；时间是刀，能雕刻出任何人。我们没有成为我们曾以为的，我们成了我们能成为的。

留言还说：越走进陌生的环境，越想念过去的回忆。你说一个人不能自拔，不是不想自拔，而是无法自拔。无法自拔，不如不自拔。活得纯粹，无论种种。

等等，等等。

我觉得留言的人里一定有望子，不然很难有人能那么准确地还原那段对未来恐慌又恣意插科打诨的日子。

我一直在期待，某一天有歌手或者画家突然艳惊四座，我仔细辨认，发现那是望子。她依然站在台上，向 18 岁的我招手，她应该会说："那么多年，我一直在和一群小姑娘、小伙子熬，其实做歌手不如做画家好，画家起码一生清净，歌手比的就是折腾的体力，横死半路也是命。我都快成运动员啦！"

想起望子的时候，我会哑然失笑，也会去听 *Say You, Say*

Me 这首歌。哪怕过了将近十年，我的英文水平依然没有长进，我看着中文译词，想起当初我们的对话。

很多人的生活都是一望无际、广袤无垠，感觉朋友如星星点点般布满生命的天幕，其实每颗星与星之间的距离却那么遥远。

虽然距离遥远，但有的朋友却像恒星，在你生命中每一个能仰头看到的日子里，远远散发着光和热，让你心生暖意。

Say it together, naturally 大家一起自然地说出来

As we go down life's lonesome highway 我们现在走在人生寂寞的高速路上

Seems the hardest thing to do 似乎在这孤独的生命旅程中

Is to find a friend or two 最难的就是找到一两个知己

Their helping hand—someone who understands 他们理解你并向你伸出援助之手

When you feel you've lost your way 当你感到空虚和迷茫时

You've got someone there to say 他们会在那里对你说

I'll show you 我给你指引

Say you, say me 说出你自己，说出我自己

Say it for always 应该永远是这样

That's the way it should be 本来就该是这样

重新阅读这一篇，感慨万千。

每次胸口堵得慌,就会深深吸一口气,希望用身体过滤掉压抑又敏感的情绪。

那些你曾以为很要好的朋友,那些你曾以为会一直结伴走下去的人,不知道何时就在路途中走散了。

陪你走了一程的朋友,谢谢他们。

愿陪你走一生的朋友,谢谢老天。

2014.1.27

从 90 后身上学到的

有一种孤独是

你需要依靠的时候,发现四周黑暗无人,只剩自己,只能被迫拔节成长。

有个生于 1990 年的朋友,叫苏铁。

她从小父母离异,跟着爸爸,生活无忧。她爸是个土豪,你能想到多土就有多土,按摩院赚钱,她爸就开按摩院;麻辣香锅赚钱,她爸就开麻辣香锅店。她爸看某个电影导演开了一辆白色的车,于是第二天就给苏铁也买了一辆顶配的,理由是导演开的,有文化。

你能想到她爸有多豪就有多豪。明明不能喝酒,但因为女儿的朋友夸了女儿几句,就决定一杯一杯地干掉伏特加,把自己醉死过去。因为女儿的朋友中有同性恋,于是她爸只要再遇见同性恋话题,就站出来对自己那些老朋友说同性恋的好处,还拍着胸脯说要不是自己老了,也得体验一下。

苏铁就在这样的环境中茁壮成长。

她初恋不顺遂，留下情伤种种。五年后，再遇初恋男友，男友已立业成家，喝了二两小酒，方才说出与苏铁分手的理由。那时两人都在读大学，苏铁要去前男友的大学探望，于是前男友全宿舍的男生都积极主动，商量着要凑钱请苏铁吃一顿好的。对于平时排队吃食堂的男大学生而言，一顿好的等于街边小馆。苏铁长得很美，不化妆的时候像化了妆的李小冉。一出现在男生宿舍，所有男同学都拍着胸脯说："你想吃什么就说吧，哥儿几个早就做好被你痛宰的准备了！"苏铁从小想吃什么爸爸都会给，她摇摇头说随便什么都行。男同学们说："如果你不选就是看不起我们。"苏铁想想也是，然后就说："那就随便吃点儿吧。吃什么呢？那就吃大闸蟹吧。"

大闸蟹是苏铁最常吃的，一到中秋节前后，爸爸就一箱一箱地买回来做给她吃。不吃还不行，久而久之，大闸蟹对于苏铁而言，就是爸爸要求自己必吃的"蔬菜"啊！

"那就吃大闸蟹吧。"苏铁说完这句话，摇摇手转身就出了宿舍。男同学们面面相觑，还等什么呢？赶紧准备钱吧。

整顿饭，男同学们只给自己点了一盘蛋炒饭，给苏铁点了四只大闸蟹。苏铁看大家不吃，还热情招呼。男同学们看了她男友，她男友连说："没事，没事，你吃，你吃，大家都吃腻了。"苏铁一听，就放松了，说："其实我也吃腻了，如果不是你们逼我，我才不吃呢。"

本来倾家荡产的男同学们想着，苦就苦点，说起来让苏铁留下一个好印象。现在听苏铁这么一说，心理防线全崩塌了，心里想这个女的怎么这么不上道啊！

吃完这顿饭，没多久，男友就和苏铁分手了。因为男同学们都说苏铁长得是挺好看的，但生活太骄奢淫逸了。

苏铁一直以为是自己性格出了问题，分手后多年都处于自我怀疑中。是啊，被一个男生莫名其妙地甩了，问出来的理由都那么冠冕堂皇，心地善良的人便会开始怀疑自己。

这个故事，是苏铁后妈说给我们听的。她后妈是我的好朋友，比苏铁只大个十几岁。苏铁管她后妈叫小妈，但凡苏铁生了病就去找亲妈，但凡思想有了障碍就去找小妈。

苏铁那会儿刚大学毕业，她的未来和她的爱情一样，都不知道将去何方。她小妈就把她推给我，说："你同哥特擅长职业规划，你让他给你上上课。"然后苏铁就热情地把我约到一间高级餐厅，帮我点一杯喝的，自己要杯白开水，睁大眼睛看着我，问："同同哥哥，你说我未来要干吗呢？"

我特别受不了女孩这样，不仅卖萌，还卖傻。我说："你当我是算命的啊？你连生辰八字都没告诉我呢，我即使算命也得知道这些信息啊。"

她嘿嘿一笑，不理我，继续说："那你说我应该干吗？"

她对高工资不感兴趣，对大企业也毫无感觉，她的世界一片空白，看着同龄人在自己的工地上大兴土木，她也觉得焦虑。我说："既然你也不知道自己喜欢什么，不如随便干一个新兴的工作，没准走在时代的前沿，稍微努力就能被人看见。"

她似懂非懂地回家了。

过了两个星期，她说："同哥，我到新浪微博实习了呢。"

微博那时刚刚兴起，人人都以自己能加 V 而光荣。我说："苏铁，好好做，等到有一天你能给大伙随便加 V 的时候你就算立住了。"

新媒体行业的淘汰速度比传统媒体更迅速。每次遇到苏铁，我都问："怎么样，什么时候被开除啊？"她都很忐忑地回答："估计快了，估计快了，我又得罪领导了。"问她怎么得罪了。她说："领导好奇怪哦，在电梯里遇到我几次了，每次都问我是不是新来的。然后我今天很生气就告诉他：'你别再问了，你都问过我三次了。'"

大多数年轻人都怕被领导记住，但吃大闸蟹长大的苏铁胆子大，我觉得领导要开除人的时候，应该很容易就想起她的名字吧。

再后来，我和苏铁后妈约吃饭，苏铁出来的次数少了，问起来才知道，那时微博有任务，无论新员工还是老员工，每个人都有自己的业务量，每个月必须拉多少个人注册微博才行。我深深地对此感到焦虑……她连自己的未来都找不到，怎么能找到那么多有微博需求的人呢？

大概又过了一两个月，后妈说苏铁想和大家吃饭。出门前，我带了一张电影卡，等她宣布她新工作干不下去时，就送给她做安慰礼物。

苏铁一脸灿烂，不太像被开除的样子。后妈说："苏铁最近可得意了，三天就完成别人一个月的任务量。"我问："你最近转行做安利了吗？怎么完成任务那么快？"苏铁说："哦，同事们都是一个人一个人去说服的，我专门找那些协会，一个协会就好几百号人，我搞定两三个协会就完成任务啦！"

我掏出了给她准备的电影卡,那时我觉得,一个刚入行的孩子,能把同样的事做得不一样,就有冲刺得第一的潜能。

就在苏铁越来越被领导和同事信任的时候,她突然提出了离职,原因是不喜欢复杂的人际关系。我问她接下来去哪儿,她说有个奢侈品公司在找她,她想过去试试。"什么岗位?"我问。她嘻嘻一笑,回答:"门店销售。"

不知道是90后的孩子想法奇特,还是根本没有危机意识,总之如果换成是我,怎样都不会做一个这样的选择。明明已经在一个新兴的行业做得风生水起,为何要换到另一个行业,从一个媒体的新生力量转行做一个奢侈品的门店销售,这个跨度多少会让人觉得尴尬吧。

不过,这只是我的看法,对于苏铁,我想我有可能多虑了。从她初恋男友解答了困扰她多年的情感谜题之后,她每一次的决定虽然看似毫无章法,却总能全身心地投入所做的决定当中去。

苏铁完全没有辜负她的决定,在进入奢侈品店大概两个月之后,她就成了最旺商业区门店的销售冠军。

在一个毫无生机的城市里,有一群朋友最大的好处就是,随时随地能够为任何一个理由团聚庆功、畅想未来。

在我们祝贺苏铁的时候,她说她很讨厌那些欺负新人的老销售,老销售都有老顾客,新人只能接待新客户。但每次新人接待完新客人,客人埋了单之后,过了好些天新人们才会发现自己的销售业绩都被老店员写在了自己的业绩里。新人敢怒不敢言,只能忍气吞声,抱团期待自己赶紧强大起来。

突然有一天,苏铁给我发短信说:"同哥,我今天非常生气,跟一个店员绝交了。"我心一紧，连忙打电话过去问为什么。我担心苏铁年纪小，不懂得处理人际关系，万一把人给得罪了，自己也不占理，对她而言就是一场走不出去的困局。毕竟很多刚参加工作的年轻人，不是被工作给累残的，而是被人际关系给弄残的。

一通电话之后，我了解了事情的来龙去脉，然后为苏铁的做法微微震撼。如果年轻的时候，我能这样去做，也许今天的我，对自我的认知会变得更为清晰。

事情并不复杂，在这样的门店，每个销售都有自己的老顾客，其他销售是不能抢老顾客的。

与苏铁同时期进店的销售接待了苏铁的老顾客，然后把业绩记到了自己的名下。

苏铁找到对方，很认真地告诉她："抢顾客的事情，从来都是老店员对新店员做的事，那时我们都被欺负，一起觉得不甘，可是你回过头就用这一招来对付我。这个业绩我可以不要，但我必须告诉你，从今天开始，我们不再是朋友，而且，你未来所有的顾客都是我苏铁的。"

苏铁冷静叙述的时候，像极了电视剧中暗流涌动的转折剧情，我甚至能想象到另一个店员尴尬的表情和不知所措的样子。

我问苏铁："为什么你要直接告诉对方呢？"因为在我的印象中，苏铁凡事都往乐观了想，从不生气，更谈不上摊牌。

她说："我终于想明白了，所有因为某人而让自己生气的事情，一定要说出来。不说的话，自己越想就越生气。说出来之后，自己踏实了，对方就会变得不踏实。这种一举两得的事情，干吗不做？"

我问:"你就不怕得罪她吗?"

她想了想说:"既然她都这么对我了,就是没把我放在眼里,在她心里已经没把我当朋友了,我为什么还要骗自己呢?更何况,如果要用销售业绩来说话,我有信心超过她。"

苏铁说完这一番话之后,同期的店员立刻找领导,把她抢的业绩换到了苏铁的业绩里。

这个 90 后的苏铁给我做了一个榜样。如果心里因人不爽,最好的办法就是说出来告诉对方。一来自己不会再纠结;二来可以让对方纠结;三来如果对方并不因此纠结,就证明对方压根儿不在意你,那你又何必要为不在意你的人影响自己的心情。有话就说的人不是直肠子,而是不会让自己辛苦的透明人。

以前我管 1990 年的苏铁叫妹妹,自从她如此处理事情之后,我开始在心里把苏铁当成同龄人。我想,年龄从来不是衡量一个人是否成熟的标志,一个人是否成熟源于他是否了解自己所作所为的目的,源于他是否敢承担所做决定的后果,源于他对自己的了解与信任程度。

仍然忍不住想,如果当年的我能像如今的苏铁一样,33 岁的我会不会变得不太一样啊!

苏铁现在仍然在那家奢侈品门店做销售,是去年该品牌北京地区的年度销售冠军。她本来有机会升职为副店长,但因为常常不按常理出牌,所以没有被升职,仍然干着销售的工作。我问她为什么不做副店长呢。她说:"只要我现在收着就能升职,但我想看看自己放开了工作,究竟能做到什么样子。做副店长对我来说不难,但持续做一个好销售有点儿难,你明白的,对吧,同哥?"嗯,我装作很明白的样子,点点头,心里想90后真吓人,如果你还把他们当成小孩的话,自己怎么被他们埋了都不知道。

2014.2.3

你让我相信

有一种孤独是

已经习惯了在某个人的庇护下生活,这个人离开之后,你不得不面对现实,也渐渐学会了模仿他的样子去面对生活。

和张老头已经有三年没有见过了,唯一的联系便是每年的大年初一给他打电话拜年,他时常关机,但之后我会补发一条短信,大致意思不外乎是问过年好。

我的短信内容客套,他知道我并不是一个喜欢用短信表达感情的人。所以每一次他都会很认真地回复,他回的短信都会在初三或初四时收到,大致意思也不过是:也祝你全家身体健康,代我向你父母问好。每次念到这些文字的时候,我的脑子里就会浮现出他戴上老花镜给我发短信的样子,再用他不标准的福建普通话念一遍,觉得格外生动。

张老头是我之前在光线电视事业部的领导,40来岁得子,于是从北京回了福建。做了大半辈子电视工作的他回福建之后办了一个外贸加工厂,专门给一些国际大品牌代工。

很多人，你和他们待在一起的时候，只会觉得有安全感。直到后来与他们分开，你才明白他们除了带来安全感，还给你留下了什么，又带走了什么。于我而言，张老头便是一个这样的人。

第一次听说张老头时，我是极其讨厌他的，不仅自己不合作，还联合其他的同事一起反对。现在想起来，除了嘲笑自己的幼稚，还不得不感叹人与人关系的际遇辗转。

五年前公司的晨会上，公司突然宣布我原来的领导由于个人原因离职，由张老头空降电视事业部当总裁。由于和前领导关系不错，他的突然离职让我多少有点儿不知所措，自然而然地就把所有的情绪都转嫁到了新来的总裁身上。

公司空降过不少领导，做满一年的几乎没有。我们私下都抱怨，光线是一支靠抱团打仗活下来的队伍，每个人的性格鲜明、术业专攻，如果不是长时间的了解，彼此都很难服气。外来的领导最重要的问题不是做业务，而是做管理。

当时我带两个团队，算是电视事业部里掌握资源最多的节目制片人。而我也很清楚，大多数空降的领导，上任之初一定是几把火给下属一些下马威。

我打定主意，只要新来的领导想故意找我的碴儿，我肯定不给好脸色。在工作内容上，我肯定不配合。我非常坚信，只要撑几个月，他一定会因为受不了而离职。

张老头从大老板办公室出来的时候，我瞅了一眼，和我想象中的不太一样。我以为从其他电视台过来的领导都是挺着大肚子，油光满面，满口官话。而张老头却像是刚从牢房里被放出来的，瘦瘦小小，毫无气场，一件 T 恤穿在身上晃晃荡荡的，公司空调稍微开大一些，不能把他吹倒，也能把他冻坏。

虽然他和想象中的不同，但也没有改变我对他的看法。更准确地说，是对这个新领导的看法。

张老头不过 40 岁出头，但由于瘦瘦小小，脸上皱纹太多，所以我们就给他起了这么一个外号。

第一次正式见面，是在他的办公室里。

大家对新领导没有了解，心里也忐忑不安，就问我的意见。我说："没事，随便他说。他说他的，我们照做我们的。"

到了张老头的办公室，他一脸和气，对我们笑笑，请我们坐。

事业部总裁办公室里有一张很大的转椅，之前的领导体重 200 多斤，坐上去尚有富余，张老头坐在里面，样子特别滑稽。气场撑不住，整个人的状况完全垮了。

他问我："现在节目难不难做？"我回了他三个字："还凑合。"张老头看我不想继续这个话题，也没有生气。

他继续笑眯眯地说："那有什么需要我来跟公司争取的吗？"我回答："还行，都在稳步进行中。"言下之意就是，你不需要费心了，我们自己也能搞定这些。

他又问："我上午和×××聊天，听说你和×××制片人的关系挺不错的？"我一愣，回答："还行吧，大学同学。"现在想起来，我的表现似乎过分冷淡了一些，在场所有人应该都看出来了，我不想被套近乎，所以尽可能用少的语言去回应，用冷淡来表明自己的立场。

无论如何，他的年纪是我的两倍，而当时的我，如此待人处事，如果不是在光线，应该早就被人干掉了吧。

见我一连几个问题都回答得毫不走心，他也不恼，就说："没事，今天就是随便聊聊，你们工作去吧。"

我走出他办公室的时候，得意扬扬，觉得自己打赢了一仗，最起码我表明了自己的态度——我丝毫不欢迎你的加入。

我并不是一个擅长搞小团体的人，我只排斥每天颐指气使，却又不能给我们正确方向的领导。谁都会说不对，但不是谁都会在说完不对之后，告诉我们什么才是对的。

但好在，张老头并未对我们的工作颐指气使，至于他在做什么，我也不清楚，只是听说他打算开展新的业务。

我和张老头的关系不冷不淡地维持了将近三个月，经过了两件事之后，我和他的关系渐渐地融洽了起来。

第一件事与开会有关。

每次大老板开会的时候都会问张老头电视事业部的情况，本来我们设想的情形是，张老头一句都答不上来，会很尴尬。没想到的是，张老头直接就说："刘同，你们几个项目的负责人分别介绍一下情况吧。"

他居然让我们各个负责人发言！

他居然四两拨千斤就把这些难题转嫁到了我们身上！！！

要知道以前在这样的会议上，基本上是轮不到项目负责人发言的，各个事业部的总裁把几个项目的进展大体汇报一下，没有什么需要解决的问题，就结束了。

可是轮到张老头的时候，他居然把难题抛到我们这儿，我顿时觉得这个40多岁的老头可真贱啊，要得一手好太极，我们年轻人真是看不出来。以前这种高层会议，我们只需要带耳朵去听指示，后来每次会议前，我们都必须把各个工种的所有数据整合得一清二楚，还得外加分析报告。

以前的领导脑子里全是各种分析与数据，可张老头脑子里空空荡荡的什么都没有，老板问起来，他答不上来情有可原——对公司情况不了解。如果我答不上来就有问题了——心思根本不在工作上。

他这么弄了几次之后，每一次有大老板出席的会议我都要把所有数据、分析、进展、规划准备齐全。一来二去，我觉得我小看张老头了。我以为我们掌握了大多数的资源，他根本控制不了我们。谁知道他根本就懒得和我们抢夺资源，就像一个旁观的排球二传手，不负责扣球，不负责救球……看我们与老板斗智斗勇，然后做一个总结："嗯，某某某的担心是有道理的，下一周我们要着重解决这个问题。"

那时，我最烦和他开会，每天担惊受怕。后来，公司部门调整，通知我负责资讯事业部所有节目时，我坐在座位上，感慨万千。有些人的好，就像埋在地下的酒，总是要经过很久的时间，在他们离开之后，才被人知道，而饮酒的人只能一个人寂寞独饮至天明。27岁的我，以为工作就是拿份工资，尽量不被老板批评。张老头离开时，我29岁，我不再害怕和老板对话，不怕被老板质疑，做任何汇报之前都会尽力准备好所有相关的材料。

第二件事与信任有关。

有一次，大家吃过饭之后，他点了一支烟对我们说："你们先上去,我抽完烟再上楼。刘同,你陪我一下,我有个事要问你。"

我特别紧张,很长一段时间以来,他基本不再问我的工作,只要我没有问题找他,他绝对不会找我。我惴惴不安,咽了一口很大的唾沫,问他:"什么事情,这么神秘?"

他说:"我想在电视事业部独立出一个策划部,你觉得怎么样?"

我一愣。这样的问题,我从来没有思考过。这是一个事业部总裁需要思考的问题,建立一个部门和撤销一个部门都是一件举足轻重的事情,他居然会来问我的意见。在震惊之余,我着实有种受宠若惊的感觉,然后又装作很镇定的样子进行思考。我脑子转得飞快,30% 在思考为什么要建立策划部,70% 在告诫自己:这是张老头第一次问你那么重要的问题,你可千万要给他一个非常稳妥的回答,不然误导张老头做了错误的决定,你的前途就全毁了。

然后我很小心谨慎地说:首先,它的好处是巴拉巴拉巴拉……但是它也有一个坏处,巴拉巴拉巴拉……在我个人的角度,我觉得建立策划部是好的,因为它能解决我目前最困惑的一个问题——巴拉巴拉巴拉……唯一要注意的问题是——巴拉巴拉巴拉……

说完之后,我回想了一下过程,确认无误之后,我又补了一句:"嗯,这就是我的看法。"

他把烟屁股一掐,说:"挺好,那就这么干。"

他三步并作两步上楼,我跟在后面。他还是很瘦,上楼快一点儿,T 恤里就带风。一方面,我很兴奋,因为我帮助事业部总裁做了一个对部门影响很大的决定；另一方面，我很紧张，我怕自己的建议没有想得足够清楚，会在执行的过程中出问题。然后我追上去对张老头说："呃，张总，如果你确定要建立策划部，我可以先写一个相对详细的策划部规划，你看过之后确认没有大问题了，我们再宣传实施吧。"

他看着我说："就照你说的来，没问题。"

就是"没问题"这三个字，让我之后的任何考虑都思考再三。当一个人相信你的时候，你要做的不仅是对得起自己的内心，更要对得起对方对你的信任。

这两件事，让我对他的排斥渐渐减轻，因为最终我发现，他来这个地方做这个领导，不是为了管理我们，而是为了和我们一起把事情做得更好。

他第一次审节目时，我很紧张。我那时有个习惯，只要审片时同事们在，领导的发言里有任何批评的成分，我就会找各种理由为大家开脱，等领导走了之后再内部整顿。那时我安慰自己，做电视是一个多么辛苦的工作，为了不让大家压力太大，有问题改正就好，最怕领导审片时直接摧毁大家的信心。当然，经过这么几年，当我开始审别人的节目，提出自己的意见，别人这么反驳我的时候，我真是恨不得吐口水到同事的脸上，都什么嘴脸啊——唉，有人愿意花一分钟骂别人丑，却不愿意花一秒钟照个镜子，大概指的就是我这样的人。

张老头审的节目具体是什么我忘记了，大概是一期访谈节目。刚看了不到 5 分钟，我们找到了一个明星外采爆料，他突然说：

"停下来，你们怎么找了他？"

我一下就急了，说："才刚开始看呢，你看完再说不行吗？这个明星我们找了很久才找到，没有人比他更合适。这是我个人的意思，让当期编导放这儿的，和他们没什么关系。"

他看了我一眼，皱巴巴的脸上露出了古怪的笑，说："你急什么？我就是问你们怎么找到这个明星的？这个人很难接受采访的，你们是怎么说服他的？"

我一愣，半天没有回过味来。听张老头的意思，他并没有觉得我们做得不好，正是因为他觉得我们做得不错，所以才停下来问我们原因。我一下就慌了，支支吾吾半天说不清楚，多年来的习惯让那时的我自我防范意识超强。

之后他又停下来几次，问我们怎么找的那些嘉宾，怎么让他们愿意聊一些看似很难启齿的话题，甚至还会问某个剪辑方式是怎么处理的，我兴高采烈地和他分享我们的制作思路。末了，张老头说："审你们片子真有趣，下次我还来。"

我特别开心地回答："好啊，好啊，我们每天的节目都很好看的，欢迎常来。"说完之后，觉得自己的嘴脸特别谄媚。但由于张老头的审片方式非常鼓舞人心，导致之后他每一次审片，我都要求自己把节目做出新鲜感来，只有这样我才能让他不停地表扬我们，满足我们长期被压抑的心。

张老头从来不吝啬他的表扬，他每次表扬人都特别诚恳，让我们感觉自己的任何一点儿努力都会被看见。张老头也丝毫不掩饰他的无知，每次他很无知地问我一些作为领导不应该问的问题时，我都会觉得很尴尬。比如他问：周杰伦是哪个公司的，我们怎么和索尼音乐谈合作，他们为什么要和我们合作等之类的问题。每次回答这些问题之前，我就会下意识看看四周有没有人，然后再小声地回答他。

因为大家关系越来越好，我也常说一些忤逆的话，有一天终于忍不住问出了我的终极问题："张总，我感觉你什么都不懂啊！你一点儿都不害怕别人知道吗？"

他一边吸烟，一边走，漫不经心地回答我："不懂那些没关系啊，反正你们懂。我主要懂怎么管你们就行了。"

啊啊啊啊啊，我的心里瞬间就召唤出好几只金刚在咆哮啊，这绝对是我听过最贱的答案了。

我跟在后面，却又不得不服气。张老头没有扭头看我，他的脸上一定写着一句话：我最喜欢你看不惯我，又干不掉我的样子。

张老头敢在我们面前说任何话，而我，以及整个节目组的制片人，还有主编们对他的态度也慢慢发生了改变。如果说刚开始，我们认为他是外来人员，后来我们认为他是一个领导，再后来，我们的关系渐渐就变得更像亲人了。

张老头对 90 后的实习生说："如果我二十几岁认真恋爱的话，我的小孩也跟你们差不多大啊！"

"那你就把我们当你的小孩吧。"大家都这么回答他。

"行，去帮我买一包烟上来。"他也不客气。

"张总，你是什么大学什么专业毕业的？怎么感觉都没有念过什么书呢？"

"哦，我是吓大的。"

"啊？"

"厦门大学啦，我学作曲的。"

"那你会乐器吗？"

"当然，钢琴什么的都会。"

我最遗憾的事情是，直到张总离开了北京，我们都没有听他弹过一首曲子，真像是一个巨大的谎言。

但有一种人，即使对你撒谎，你也甘愿被骗。因为他们做过一件事，让你确定他们值得去相信。

那时，公司有一个大型颁奖晚会的发布会要启动，导演组安排了两位主持人共同主持，一位是尚为新人的柳岩，一位是已有知名度的娱乐女主持。

柳岩早早就在化妆间里化妆，那是她第一次担当大型发布会的主持人。就在她等候上台的时候，另外一位主持人放话说，她自己一个人主持，如果柳岩要上场的话，她就退出。

导演组的女孩没见过这种鱼死网破的阵势，急得不行，把情况汇报给了张总。张总说："安慰一下柳岩，让她先回去，告诉她，公司未来会好好补偿她。让另外那个女主持认真主持，这是她与我们的最后一次合作。"

张老头狠狠地掐了烟头说："我们不惹事，也绝对不怕事。欺负光线人，那就撕破脸吧。"

柳岩穿着礼服哭着离开化妆间。

而那位女主持再也没有出现在光线，包括和她有关的任何人。

那一刻，我觉得老张帅爆了。他的那句"我们不惹事，也绝对不怕事。欺负光线人,那就撕破脸吧"也被我在工作场合使用过。说的时候,我也觉得自己老帅了。

其实从老张的身上,我渐渐发现,一个男人的帅来自他的性格,一个男人的魅力来自他的自知,一个男人的强大来自他对自己的苛刻。

我也常说一句话:"一个人开始变得完美,恰恰是从他愿意承认自己的不完美开始的。"

这些道理老张一直在言传身教。以至于到今天,我不再伴装自己什么都懂,觉得同事做得好也会毫不吝啬地赞美,不仅大家轻松,连我也觉得自然了起来。

我手机里一直有张照片,当时老张要代表光线去外地卫视台进行节目提案,因为时间太赶,没有飞机,只有普快列车,没有卧铺也没有硬座,老张挤在一群人之中,在车厢门边睡了一宿,那时他45岁。那张照片是和他一块儿出差的同事拍的,我一直留在手机里,换了几部手机,这张照片还在。我也不知道存着它的意义是什么,只是每次看到45岁的老张蜷缩着睡觉,我就会提醒自己现在的状况远不如老张那时惨。

张老头是福建人,年轻的时候进电视台也是从订盒饭开始的,然后成为节目制作人,再成为节目部主任。他普通话不标准,每次开会都把"开始后,制片人一个一个发言"说成"开鼠后,字片楞,一个一个花盐"。每次他说普通话时,我都在心里暗暗嘲笑他,我的湖南普通话已经够烂了,没想到又来了一个比我更烂的。

后来关系没那么僵了,我们也就开起他的玩笑来。

我们当面会说:"张总,你说一下'湖南铁板牛柳'这六个字。如果说不好,你就请我们去湘菜馆吃铁板牛柳吧。"

他就很认真地说给我们听:"芙兰铁板留柳。"

我们哄堂大笑,让他请客。他就有点儿害羞地说:"我年纪大啦,说不好,你们听得懂就行。吃饭就吃饭,以后不准用这种方式嘲笑我。"那时还没有"卖萌"这个词,但从张老头的种种表现来看,他不仅要得一手好太极,还卖得一身好萌。不是每个总经理都喜欢拿自己开涮。

公司给他租了一个大房子,上班下班都是一个人。有时大家在一起吃饭,我问他:"张总,你一个人干吗要背井离乡来北京呢?在福建多好啊,一个人在北京寂寞死了。"

他说:"也不是很寂寞,和你们在一起就很开心。"

我渐渐发现,这个和我们在一起很开心,对任何事情都笑嘻嘻面对并解决的张总,在面对与自己利益相关的冲突时却丝毫不擅长。

在某次公司会议上,某些领导因为获取消息的片面性而过于严苛地责备张总,张总明知自己受了委屈,却一句话也不反驳。40来岁的人,一直低着头,让我们这些做下属的看了愤愤不平。散会之后,他一个人走到公司外面吸烟,我满肚子怒气不知道如何释放,脑子嗡地一热,就冲进了公司领导的办公室,把自己所了解的情况和张总所受的委屈火山爆发似的发泄了出来。

这件事的结局就是,某一天张总突然让我去他的办公室。我刚坐下来,他就用有点儿颤抖的声音对我说:"听说你在公司领导面前为我出了头？"

我有点儿紧张，说："你明明可以反驳却偏偏忍气吞声，我实在是看不下去了才这么做的。"

他突然很豪迈地对我说："我果然没有看错人，我就知道当我受了委屈，一定有讲义气的人帮我出头……"

哦……我突然明白了，张总就是一个不管情况多糟糕，他都能找到理由去表扬别人的人。

他的离开与他来的时候一样突然，他把几个平时常一起开会的同事聚在一起说："虽然我一直把你们当成自己的小孩，但是你们始终比不上自己亲生的孩子啊！我老年得子，所以打算回福建了。"女同事们哭得一把鼻涕一把泪，男同事全红了眼眶忍住不哭。他说："我又没有死，你们哭什么哭？你们想我了就去福建看我。如果哪一天我想回来就又回来了啊。"

我和张老头在一起共事不过三年，他却在我身上留下了抹不去的印迹，从他离开后到今天我三十又三，我在做任何决定之前总会先想一想，如果是张老头的话，他会怎么做。

有些人在你面前时，你很难说一声"谢谢"。然而他们离开之后，你却有千言万语想说给自己听，或者也希望，有一天他们能够看见。

就是这么一种人，进入你生命的时候并不让人欢天喜地，他们却能够在离开你之后，让你一直想念，万语千言。

2014.2.6

为梦想努力十年

有一种孤独是

原以为找一个能与自己分享痛苦的人很难,后来发现找一个能分享自己喜悦的人更难。

"我以为大学一别后,也许一辈子不会再遇见。即使遇见了,我们也会像陌生人一样。"

"这几年,我远远看着你不顾一切地朝这个目标奋斗,失败了一次、两次、三次,可能有记错。无论你在做着什么样的工作,你居然还没有放弃这个目标——考上北大的研究生,这比我自己实现了愿望还令人激动。"

在饭桌上,我有点儿情绪上头。如果我抬起头,他可以看到我的眼泪,没抬头是因为,我怕看到他的眼泪。

时间往前推两个小时,他在 MSN 上对我说:"考研的分数出来了,我考上北大了。"

我像个疯子般在这头噼里啪啦打了很多很多话,以表达内心怒放的喜悦。

"所以我们是不是要吃个小饭庆祝一下？"

大学毕业前夕，我们经历了一段过度挥霍的感情，夹杂着我们相识时的相见恨晚，夹杂着我们和另一个她之间的小小隐私，夹杂着我们对彼此骄傲的艳羡，以及多多少少任性少年的自我情绪，还有错了也不会后悔的坦荡，抱着将青春耗尽的念头，呼啸着交往，呼啸着放弃。

和他再联系时，已经是六年之后。其间的几年，因为他在时尚界的出色表现，也难免常常被人提到，我总是轻描淡写地谈起，好像和他并不熟悉。印象里，在他临行去北京和我交流的最后一次内容是："不要做电视这般低等人的工作，你永远无法超越自己。"

当自己花了大学四年时间才建立的人生理想被这样践踏时，我以为自此一别后，也许一辈子不会再遇见。即使再遇见了，我们也会像陌生人一般。

毕业前夕，时间如果再倒退两年，或者一年，我们的关系不至于这么僵。那时，他是整个大学校区里最受瞩目的身影，顶着"百年难遇贵族王孙般气质"的称号，总是一个人走在木兰路上。偶尔会有一个小个子和他并肩走在一起，我还记得小个子的外号叫超人。

后来我们也常常三个人在一起，我给他开中文必读的书目，他给我列英文的要点，超人常常一个人走神，说受不了这样的古怪氛围。

后来，临近毕业，我们突然同时说：我想考研。

他的目标是北大，而我是北影。

我觉得他是太想成功，他觉得我是太想附庸风雅，但既然都定了目标，那就努力吧。

周围人听了都很讶异，两个每天潇洒得无所事事、让所有人羡慕嫉妒恨的浪荡少年居然要考研。

于是我和他统一口径："我们考研是为了提高研究生整体的外观水准。"天知道，我当时怎么会说出那么不要脸的话。

我发挥了一贯的无厘头作风，在填写考试的外文语种时，错填成了俄语。

于是大多数填写英语的人继续用功，包括他。而我又开始变得无所事事，准备大四毕业就工作吧。

第一年他考的是法学，没有考上，然后决定去北京继续考。那时候，我们的关系已经好到或淡到可以恣意评论，我说："太想成功，太过于梦幻不是一件好事。"

而当时我也不过正拿着900块的工资，朝七晚十二地玩命工作。

这几年间，就我所听到的，他考了三次，这次换成了MBA。他抿了口酒小声说："只想考北大，换着法儿考，从不同的角度考，总会考上的吧。"

他很自我、很从容，也很现实；很潇洒、很自然，也很"强装"；很善良、很和善，也很冷漠。

"来北京的时候很惨，做着一个月800块的律所工作。第一次去金鼎轩吃饭，打伞的保安说他的工资是 800 块，还包吃包住。我回去就把工作辞了。"

"我不知道自己这些年在做着什么，也不知道自己喜欢什么，我只能选择努力工作。而考上北大的研究生是我无所事事的四年大学时光里定下的唯一目标，如果要说追求，这几年无非就是为了这个。"

"嗯，40 岁还要读博。"

他顿了很久说。

这一次，我完全相信。

我们在 18 岁、19 岁、20 岁、21 岁的年纪里互相不信任。

又在 22 岁、23 岁、24 岁、25 岁的年纪里去推翻前四年的不信任。

这个世界上有几个人值得你去留意、去关注、去分享、去藐视？

吃完饭，他带着我在 SOHO 的停车场四处找出路，就像当年我们第一天认识时一样，我们前后走着，一句话不说。我又突然想起当年他食物中毒，我背着他去医院。

一个可以为梦想努力近十年，然后实现的人。

看他第一次露出喜洋洋的笑脸，我的心底也充满了阳光。

上次相聚之后，我和他再也没有见过。我没有拨过他的电话，也没有试图联络过他，但是我想他应该又换了一个更好的目标在继续奋斗吧，然后突然有一天他又会给我打电话说他实现目标的喜悦。这么些年过去了，我仍在传媒人这条路上继续着,想起毕业时他说做传媒是一个低人一等的职业,那时我觉得愤怒,现在突然觉得他说得也有点儿道理。只是我们都花了太多的时间来明白彼此说的东西。但好在,我们都没有关上自己的那扇门,等到哪天突然想起来,寻回多年前那条巷子入口,一样还能找得到彼此。

因为你见过我最糟糕、最幼稚的一面,所以我的何种成绩,都应该会让你觉得喜悦吧。

2014.2.7

扫码收听 本章歌单

无数个你组成了今天的我。无论在哪个城市的哪个街头,
眨眼低眉举杯的恍惚间都有你的影子,
感谢每个人的存在使得每个人的生命有了不一样的意义。

那种第一次被发现,第一次被体谅,
第一次学会感激,第一次微笑背后,都是因为你的努力。
尔后人生的路还有很长很长,
即使不能扬名立万,能够继续有勇气走下去,
也是因为在我生命中从未张扬过的每个你。

你问:"为什么这些灯泡长得都这么奇怪?"
我说:"只要能够发光,它就能被称为灯泡,和长成怎样没关系。"
然后我看着你。你惊恐地说:"求你别说后面的了。"
我继续说:"就像你长成这样也没关系,
只要你心地善良,你也可以被称为一个好人。"

咖啡上的奶沫只是无意添加,却有了思念你的形状。
总是把各种细节描绘成能靠近你的线索,
细细品味,最终空留一嘴泡沫。

被电车线路划破的天空,并没有想象的那么伤感。
想到大学的时候,我们一起逃过票,满满都是自嘲。
只是和你的感情如同电车的线路,只能在某条路上来回重复。
抬头就是这样的天空,低头就是这样的线路。
当我闭上眼睛都能说出你手掌的纹路时,
你说:"我们不能一辈子当一天永远重复。"
离开了你,天空更宽阔了,只是生活少了一处焦点而已,不要紧。

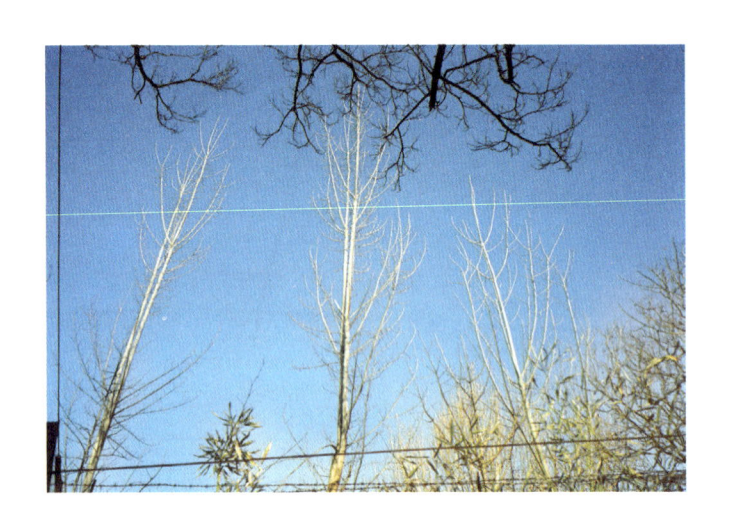

那时为了靠近你,不顾脸面,不管身形,跌跌撞撞,
像极了往天空极力伸展的树枝。

你嘲笑我:"只顾得上靠近,却忘了用枝繁叶茂去伪装自己。"
我也嘲笑自己的狼狈。
只是我在想:如果你也爱我,你便能看到,我的根扎得有多深。

你问:"后面那些小猪的雕像像不像你?"
我问:"前面那些小象的雕像像不像你?"
你想了想回答:"我是象,你是猪,挺好的。"
我冷笑一声:"难怪你长得那么黑。"

细微的东西最动人，
我总是拿出相机去拍一些没有人注意的东西。
你说："你是不是有病，总是去注意一些犄角旮旯里的东西。"
我认真地看着你，仔细回忆自己是在哪个犄角旮旯里才捡到的你。
你觉察自己失言，忙说："不包括我。"
我微笑，说："当然不包括你，你又不是东西。"

把快门调快,你看得清每一处景色。
把快门放慢,
你却能看到所有的景色都连成一片变成光。
我希望能和你慢慢地走下去,
直到这一路都发亮发光。

爱情孤独

和一些人的关系像平行线，
一辈子相守相望，
见于眼底，藏于心间。

就怕耐不住寂寞，
冲动而成了相交线，在一个点尽情拥抱，
从此便离得越来越远，
再也不见。
遇见这样的人，
因为不想做恋人只能一时，
所以才选择做朋友能一世。

第二章

一个人
怕孤独,

两个人
怕辜负……

她是一个好女孩

有一种孤独是

心里真正画的是省略号,却只能在外人面前笑着为这件事画上句号。

同学十年聚会,人群里我没有看到二毛,也没有看到莹子。他俩的恋情始于大一。

二毛是爱好吉他的男青年,从不上课,即使告诉他某个老师点名特别严格,他也不往心里去。他每天抱着吉他,坐在寝室里写歌,大半个学期了,同班同学也不认识几个。

听说还有一位男同学叫二毛,从来不上课,只在寝室里写歌,女生们进行积极脑补,二毛或许长发,必须冷酷,一把忧伤的吉他,弹唱一辈子的青春。

莹子就是这些女生中的一个,求了我半天,我答应带她见见二毛。

二毛确实是长发,但很少清洗。二毛也冷酷,常年低头思考,用长发遮挡阳光。一件早已洗得泛黄的白衬衣,架一副眼镜,有一些文艺青年的影子。他的床位是最靠近墙角的下铺，被子从来不叠，腌菜状堆积在那儿，经过时也有二毛身上特有的味道。

我以为带莹子见见世面，她便彻底打消了念头。但二毛孤独的低吟浅唱让门外的莹子听出了寂寞，莹子便和二毛好上了。

谈了恋爱的二毛外表也没有什么改变，既未变得更在意外表整洁，脸上也未因此浮现笑意。

唯一的改变是，莹子上课也少了，早上一等到男生出了寝室，莹子就从角落里闪出来陪二毛。

我并不能理解二毛的生活，他丝毫不在意中文系的文凭，对于未来的规划似乎也并不积极，与其说他喜欢音乐，不如说他沉醉于音乐。

起码我从未见他认认真真演奏过一个原创作品，也未见他积极参与任何与音乐相关的比赛或活动。

抬头不见低头见，我与二毛最多的交谈是问他："今天干什么了？"

二毛的回答也一成不变："弹琴，睡觉。"后来有了莹子，他的回答变成了："弹琴，睡觉，陪莹子。"

一尘不染的感情，不夹杂任何世俗的情绪。旁人轻而易举能觉察到的不般配，在莹子眼里熟视无睹——她爱的是一个人，而不是这个人的外在呈现。莹子对二毛的耐心与投入，让旁人连提醒一下都觉得自己俗气。

她只是爱他，与他是怎样的人似乎并无联系。

二毛也为莹子写歌，于是莹子拖着二毛一起参加学校的原创歌曲大赛。二毛死活不愿意，然后莹子就一个人拿着二毛写给她的歌曲，一路唱到了决赛，进了前三名。

二毛在台下，并未欢呼，他只是静静地看着莹子。我离他那么近，也感觉不到任何情绪。莹子在台上感谢了男朋友二毛，她希望他能一直为她写歌，她愿意一直唱他为她写的歌。那段告白很跩，一个女孩在舞台上对一个男孩表白，让无数女生癫狂。

学校里有很多乐队都想找一位有个性的女主唱，莹子自然成了大家争抢的对象。和二毛商量之后，莹子也组了一个乐队，担任主唱。

而二毛依然待在寝室里做自己想做的音乐。

故事和大多数乐队的故事一样。刚进大四，女主唱和贝斯手好上了。二毛恢复了一个人的生活。有一天，我与他目光相对，问：“你今天干什么了？”他回答：“弹琴，睡觉。”似乎"陪莹子"这个选项从未出现在他的生活中一样。

当时，所有人都觉得二毛配不上莹子。莹子和他形影不离了三年。

三年过后，莹子和乐队的贝斯手好了。舆论认为是莹子把二毛甩了，另攀了高枝。

后来，临近毕业，四年同窗聚在一起吃散伙饭。当时的班长规定，每个人都要说一段自己的感受，让每个人都记住这一天。

一个接一个，轮到我，同学们也不期待。我说一句，底下接一句，我说："你们认真点儿可以吗？马上就要告别了。"底下说："少煽情，明天后天，明年后年，我们还能见到你，别搞得生死别离两茫茫，浪费情绪。"

我下台，轮到二毛。大家瞬间安静。

莹子跟着乐队参加比赛不在现场，二毛要说什么，谁也不知道。重点不是在于他说什么，而是只要他说话，对于同学们而言就是新鲜的。

大学四年，没人听二毛认真说过什么。他低着头，穿的还是那件泛黄衬衣，站在台上，沉默了一会儿，说："莹子是个好女孩。哪怕你们未来不和我联系，也希望大家能和她联系。她是个好女孩，不会保护自己，希望你们能够爱护她。"

很多女同学听完眼眶就红了。

那是我第一次也是最后一次听二毛那么认真地说话。从此，他再出现在脑海，也不过是这一段，以及四年当中，碎片化影像的回放。

同宿舍的同学有的当了老师，有的当了警察，听说二毛去了杭州做音乐，大家都没有他的消息。

莹子毕业后，签约了北京一家不错的音乐公司。有人知道我和莹子是同学，问我："莹子是个什么样的人？"我想了想，脱口而出："她是一个好女孩。"

一个连自己都不愿多谈的人，为了已分手的女孩，说了很多话。

其实她无须他帮她解释，他也不必为她澄清，他们所做的一切只是说明他们在一起的那三年有意义。

她是一个好女孩，他曾拥有她三年。这未必不是一段美好的回忆。

为什么这个故事我一直记得，也许是我见过太多人分手后在背后相互诋毁，也许是因为爱得不够彻底，分开得不够坦荡，遇见二毛和莹子这种感情，我会觉得更加珍贵。她是一个好女孩，一句简短的评价，也证明了你是一个幸福有眼光的好男孩。她是一个坏女孩，并不代表她真的很坏，只能代表你是一个没眼光却能和坏人一起生活三年的蠢货罢了。给爱情留一些余地，回头看的时候，空白处还能填上我们想要的色彩。

2014.2.14

爱过的人才明白

有一种孤独是

本想被人安慰，本想有人包扎，在等待的过程中，伤口自己完成了愈合。你甚至已经不明白自己，是希望伤口不再疼，还是希望有人来温暖。

好友失恋常常有，写长日记、发长短信、约出来喝酒、通宵 K 歌，每天蓬头垢面，周围的人看了担心，对我说："你赶紧好好安慰安慰他，万一出事就麻烦了。"

其实我一点儿都不赞成失恋了要安慰，你不哭、不闹、不糟蹋自己，你怎么知道你爱一个人有多深？你不知道自己爱一个人有多深，你怎么会在下一次更加珍惜不胡来？这个年头，两个人愿意在一起，已经非常不容易了，表示双方对彼此都有期盼，但谈着谈着就分开了，两个人都不爱了还好，如果仅仅是一方不爱了，那一定是另一方出了问题，没有满足对方内心对于爱情的期盼。爱情中没有胜者和败者，只有合适与不合适，不合适你再央求也没用，不如收拾好心情，燃烧起斗志，做一个能满足下一任的最佳男女朋友吧。

当然，我不赞成失恋了还要安慰更重要的原因是，如果你不伤到麻木，你就会一直痛下去。

记得有一年去海岛，我从船上游去岛上的过程中，被水底的海胆刺刺破了脚趾。很长一根断在了脚趾里，痛不欲生的我只能游回船上。在船上，有一个同样遭遇的外国女孩正在被船员救治。我看到船员拿玻璃罐一下又一下砸她的伤口，女孩的表情也从疼痛难忍慢慢变得平和安静下来，我的心情就没那么焦虑了。轮到我时，船员让我忍住疼痛，他用蹩脚的英文告诉我这是最好的办法，然后拿同样的玻璃罐用力地砸我受伤的脚趾，第一下就让我觉得疼到没有未来……一下、两下、三下，非常使劲，血流了不少，但脚趾里的刺却丝毫没有出来的意思。说来也奇怪，船员砸了十几二十下之后，我的脚趾已经被砸得麻木，渐渐失去了痛感。他问我还疼不疼，我摇头示意已经不疼了。然后他放下我的脚，对我伸出了大拇指说"OK"。

我疑惑地看着船员，不停用手比画：我的刺没有出来啊！！！他笑了笑，也用手势示意我：就是这样的，一旦失去了疼痛感，即使有刺也不觉得痛了。

回国之后，我渐渐忘记了这件事情。过了几个月，我突然想起来，脚趾里还有一根海胆刺！！！连忙检查，却发现刺似乎已经不见了，好像已经被身体吸收了，令人讶异。上网一查，才知道常在海边生活的人，一旦被海胆刺扎了，就得第一时间把刺拍死，避免它释放毒素，而刺即使留在身体里，也会随着时间被身体吸收。

不疼分很多种，有一种是伤口已愈合，还有一种是伤得血肉模糊的麻木。在越来越了解自己的过程中，我们开始分得清每一种心里的感受。

原本你我都是陌生人，因为一个眼神、一条短信、一个不经意的态度，甚至是一方鼓起的片刻勇气，我们对彼此微笑了，默认了，牵手了，亲吻了。我们突然从随时都能擦肩而过的陌生人，成了耳鬓厮磨的恋人。

我们聊起过去的成长，聊起曾经听过的歌曲，聊起每一个生命中记忆的小细节，我们甚至也拉钩，心里默许——你的过去我来不及参与，你的未来我奉陪到底——这样的承诺。我们一起看电影、一起旅行，哪怕不会摄影，也坚持用相机替代自己的眼睛给你留下最美好的回忆。

全天下哪有比我们更幸福的人呢？我们回忆当初的相识，觉得走运极了。我们回忆这些天的甜蜜，觉得完美极了。我们对于未来也从不忧心忡忡，觉得你我就应该走下去，就这么一直走下去。

直到有一天。

以及那一天之后，你突然觉得对方陌生，觉得不再敢袒露心扉，觉得对方不再值得自己信任。有时，解释成了自讨没趣。有时，等待成了流离失所。有时，努力只是将对方越推越远。你会问自己：为什么恋人之间的关系那么脆弱，不堪一击。后来你想明白了，并不是恋人之间的关系太脆弱，而是恋人太脆弱，碰撞之后容易受伤。

我看过一种说法，说是如果另一半生气不可理喻的话，就紧紧握住对方的手放在自己的胸口，然后另一只手摸着对方的额头，说："你感受一下，你一直在我心里。"不论对方如何反驳，重复这一句话准没错。后面很多人留言，觉得心里被打了一针麻醉剂，如果自己遇见这样的另一半，一定会缴械投降。

我默默地记在心里，却从来没有派上过用场。

对于我这样神经大条的人，能忍我到闹出分手戏码时，多半是任何补救都来不及了。我把手剁掉，对方也会扔出去喂狗了吧——或者，看都不会看一眼，掉头就走。

很多时候，那些恋爱中的技巧看起来只适合每天都活在细节里的情侣，而每天活在细节里的情侣，其实也不需要技巧，靠着两颗有安全感的心便能白头偕老。相爱，不过是学习开始彻底相信一个人。

大学里最喜欢的歌曲，是星盒子唱的《好朋友》，歌词写道："爱情非要到最绚烂时放手，感觉才能永久。"

那时的我哪里懂，觉得歌手简直了，为了押韵，什么词都写得出来。但到了今天，再听到这首歌时，这句歌词却把我唱得老泪纵横。至今路过一些熟悉的场景，兴致好的时候，我还是会叹口气对身边的好朋友说：那个谁谁谁，当时我们就在这儿，看了一场电影，吃了一餐什么饭，连对话都记得一清二楚。在我心里，仿佛只是发生在昨天，若要问对方，对方也许只会回答一个字：啊？

有些不疼，是早已愈合，提起来只有伤疤，没了感受。有些不疼，是几近麻木，感受爱的能力全都用来感受痛了。你要相信自己强大的愈合能力,即使心里有刺,不拔出来,也会随着时间而最终消失。

《谁的青春不迷茫》里面有一句话被很多人拿来分享:失恋不会死,一年,是期限。很多人以此来安慰自己不会一直一直沉沦下去。事实上,也许时间都不用一年,我们就能把一切当成笑话来谈论了。失恋不要怕疼,正如恋爱不要怕过于热烈,一切都会归于平静。

2014.2.16

谢谢你一直和我争吵

有一种孤独是

我知道你爱我,我也知道我爱你,但我无法用准确的语言让你明白我内心的感受,即使我说了,你也不能理解。我们是人类,但不是一类人。

两对谈恋爱的朋友,一对总对我投诉:为什么她是对的?另一对则总愤愤不平:为什么她总以为她是对的?

前者总把我当评判,细节掰开了,揉碎了,彼此把对方逼到死角无处可逃。

"为什么打牌那么晚才回家?"

"因为不知道你在家。"

"你又没问我在不在家。"

"我们通电话的时候,你没有告诉我你在家。"

"所以呢?"

"所以如果通电话的时候,你说你在家,我就会早回家。你在家,我就早回。"

"如果我不说呢？"

"那我以后一定问。"

"好，那咱们说好了，以后下班之后打电话，你要问我在哪里，我也要告诉你我在哪儿。"

"没问题。"虽然两个人最终都气冲冲地达成一致，但经过几番无聊的抠字眼的争吵之后，两个人都找到了自己让对方产生误解的地方，然后一起打上补丁，做上记号，放一块大大的路牌，上面写着"小心此处，曾争吵过一个小时"。时隔多年，两个人在一起时，仍有恋爱的气息，纵使他们用爱搭建的小屋满是钢钉，可用他们自己的话来形容却是年年加固，坚不可摧。

常抱怨"为什么她总以为她是对的"的那一对儿，早就分手了。

"为什么她是对的？""为什么她总以为她是对的？"两句话不过差了几个字，可前者的关注点在事情本身，而后者的关注点则在人本身。

关注人本身的朋友压根儿就懒得花时间去思考事情的本质，而把所有的焦点放在凭什么你又说自己是对的，好吧，反正你永远是对的。当恋爱中的感情全化为怒气发泄在对方身上时，哪里还有一丝一毫的精力去研究事情的本身——究竟自己有没有问题。

说来奇怪，从小到大，智商总要通过各种考试去证明和反省，试题不会出问题，公式不会出问题，要么是自己粗心，要么是自己蠢，接受智商高低这件事情，人人都驾轻就熟。

可情商却没那么好证明，虽说一次又一次的恋爱总是失败，但失败后人人都把原因归结到"我不够有钱""她喜欢长得帅的""他太大男子主义""要不是被人劈腿，我们早就结婚了"……

总怪对方自认正确而分手的那位朋友又遇见了新的感情问题。他35岁，一路遇见的各色情感也有七八段，眼下又交往了小自己十几岁的90后，他很郁闷地问我："怎么办？相处都快半年了，对方至今也没正式跟我确定恋爱关系。"我问："那你们关系怎么样？"他说："还好，每天发短信，常常一起吃饭，两个人出去旅游也是时有的事。"

我问："是不是你喜欢对方比较多？"

他说："你怎么知道？"

废话，只有一个人喜欢另一个人的时候，所有的细节与记忆才会朝有利于自己的方向构架，又发短信，又吃饭，又旅游。于是我直接问："你跟她在一起的这些日子，一直都开心吗？"

他愣住了，然后尴尬地回答："多半时间不快乐。她常不回短信，也不说为什么。吃饭也不怎么说话。旅行也喜欢一个人四处逛。"

在我的世界里，如果两个人相处不快乐的话，那就把不快乐的原因摊开说——就像那对凡事都会争吵到死角，然后打补丁的朋友一般。

可却有太多人做不到，他们怕对方不爱自己而不敢说，怕对方离开自己而不敢说。

我想起一个淡定的女人。她没事从来不给男朋友发短信或打电话，问她怎么想的，她说："如果他不忙的话，自然就会和我联系。如果他很忙，我又何必去打扰他。如果他不忙也不和我联系，那我联系他又有什么意义？"

不要害怕结局残酷，如果你想象中的结局如此残酷，你睁开眼看看你身处的现实，其实更为残酷。一个不在意你是否开心的人，不在意你心情好坏的人，即使待在一起也是浪费自己的时间。总有一天，她会遇见一个自己在意的人，然后你就成了一段过去时。所以现在所有的不敢，与其说是给自己以为的爱情一个苟延残喘的机会，不如说是给了对方一个化茧成蝶的温室。

坦白讲，感情里必须有争吵，那种寻求事情本质的争吵、有效争吵并不代表两个人感情不好，而是证明我们始终在为对方认真思考。

这确实也是我对于感情的原则，有时候和对方吵了几次发现大家的重点不一致，哪怕再爱，我也会告诉自己要放弃。感情确实需要付出，付出才有回报，但人生最有劲的年华不过这一小段，为什么不找同一个星球的人恋爱呢？

2014.2.19

好好开始,好好告别

有一种孤独是

很多闭上眼能回忆起的温度、对话、举动、细节,睁开眼却感觉它们从未发生过一样。擦肩而过,再无交集的孤独。

如果每个人的生命都是一片海洋,其中总有一些会被我们遗忘,而后成为偶然被打捞上来的沉船宝藏。这些宝藏或许是一件事,或许是几个人。即使忘记,他们也不会消失。倘若找到,难免感叹唏嘘。

这些人和事大都陪我们走过一段回忆,只是当时年纪小,没有人知道有些再见是再也不见,有些告别其实是一种永别。

等到终于明白这一切的时候,他们早已消失在天涯,唯有在岁月里堆积思念的沉沙。但好在,我们还记得一切,哪怕事后再回想,也有暖意上心头。

大学时,除了上课的时间,剩下所有时间,包括睡觉,我都会戴着耳塞,听着音乐。我什么音乐都听,欧美的、日韩的、中国的,没有狂热的喜好,只是喜欢听各种歌手的专辑。常遇见有人说："你怎么连那个人的歌都听？"刚开始我非常不好意思，后来就习惯了，总有人会因为你和他们不一样而不理解你，也总有人会因为怕和别人不一样而感到羞耻。我听歌不是为了证明自己多有鉴赏力，而只是为了打发时间以及了解更多自己本不了解的东西——听歌和看书一样，没有书是烂书，只要你沉得住气，你总能看到自己所需要的。

为什么这首歌会火，为什么那个歌手只能发一张专辑，哪个公司的宣传文案写得最令人动容，哪个公司的专辑简直是把听众当白痴。每一张专辑听完之后在自己的脑子里总有定论，久而久之，脑子里存了很多只有自己知道，不必分享给别人的隐秘旋律。

大学毕业之后，我成为娱乐记者，每次的娱乐新闻我都会找最新的音乐作为背景。后来开始为别人撰写脱口秀台本，我也总能第一时间找到最应景的歌词和音乐插入节目来表达观点。

有人问我：你怎么有那么多时间听那么多歌？我从不花专门的时间听歌，我吃饭听歌，走路听歌，写作听歌，睡觉听歌。一直到今天，我还养成了一个特别不好的习惯，和好朋友在一起，耳朵里也永远塞着耳塞，把音乐声调得微低，权当人生中一直不停的伴奏。

你听过多少张 CD？这个问题我被问到很多次。我大致算了算，每天要听两至三盒卡带或 CD，大学四年，1200 多天，大概听了不下 2000 张专辑吧。

也有人问我：2000 多张专辑，正版的卡带将近 10 块，盗版的卡带和 CD 都不低于 5 块，即使全是盗版，2000 张也需要 1 万块，十几年前你怎么会那么有钱？

我怎么会那么有钱？我问了一遍自己，其实我并不是有钱，而是因为有个人一直在帮我。

她的名字，不知道是后来我忘记了，还是我根本就没有问过。

那是学校商业街入口的第一间音像店，她是店主从老家聘请过来的店员，好像和老板也有一些沾亲带故的关系。她长得不算好看，门牙特别大，微微地凸起来，很像莫文蔚在《食神》里的造型。

音像店上午 10 点开门，晚上 10 点关门。每天 12 个小时，上学放学乘车路过，总能看到她用手撑着下巴看着远方，一动不动，不知道在想些什么。

每天放学，我都会去音像店转一转。我不会在最新到货区挑选，而是永远在最里面的角落里翻弄那些落满了灰尘的专辑。

一天、两天，我发现那个角落除了我再无他人光顾，所以索性每次就挑上个把小时，拿餐巾纸擦擦封面、看看文案，把自己感兴趣的放在一边，完全当成自己的地盘。很长一段时间，偌大的音像店里，只有她和我。她坐在店门口的柜台后，我坐在店最里面的角落里，店内放着刚到的音乐，时不时有学生跑进来尖叫着要买某某偶像的最新专辑。这时，我和她就会相视一笑，各自忙碌。

刚开始，我们几乎没有交谈，我把选好的 CD 递给她，她认真地拿出抹布帮我擦拭干净。我说"谢谢"，她头也不抬说"不谢"。有时候，我会选三四张专辑到柜台，然后发现钱不够，犹豫半天放下两张，带两张离开。一开始我挺尴尬的，后来我就习惯了，倒不是习惯了在她面前丢脸，而是习惯了不可能拥有所有自己感兴趣的东西的那种感受。

大二的一天，放学后我再次走进熟悉的音像店角落，发现所有落满灰尘的专辑都被码得整整齐齐，塑封套被擦得干干净净，箱子上挂了一块牌子，上面写着：处理CD，均半价。我站在那儿愣了半天，朝店门口望了望，她也正看着我，然后非常使劲一笑，门牙泛起的光几乎像暗器一样就要朝我飞过来。她说老板要处理掉这些没人买的专辑，所以就打上了半价处理的标识，然后我发现那些我曾经想买又没有买成的专辑都并排码在了一起。

我特别想问她，是不是因为只有我一个人买这些，所以她就跟老板申请了打折处理，然后帮我全擦干净？我越是这样想，越觉得自己是世界上最幸福的人。刚感动一会儿，我脑子里就在盘算，之前按原价买了那么多CD，真是亏大了啊！然后心里立刻给自己一记耳光，告诫自己要知足，要学会感恩。

就跟所有的偶像剧情节一样，唯一不同的是，我没那么帅，当然她也实在不是女主角的样子，于是剧情就被搁浅下来，一直到我大学毕业。

因为半价处理，原本我只能买两张专辑的钱便能买四张了。曾经因为钱不够，所以下手困难，每一张专辑都要精挑细选。后来由于资金充裕了，挑选专辑的时间也就越来越短，有时冲进音像店，随便挑四张就付款走人。

现在再想起，觉得挺惋惜的。因为少而去珍惜，因为多而不在意，那时的自己也许根本意识不到，再过五年，或者十年、二十年，再记起大学的时光，那间音像店最深处的角落里，一个少年背着双肩包,站在昏暗的灯光下,贪婪地阅读着每一张专辑的歌名、封面文字,还有小小的注解。他一直在想,如果未来自己有了作品,会想起什么样的名字,用什么样的色彩,封面上写哪几个字……只有梦想,又无光亮的时候,总是把别人的东西当成自己的,然后畅想好一会儿,有了满足感才依依不舍地放下。也许正是因为有过那样的阶段,所以之后真正能实现梦想的时候,便会格外珍惜。

她每天看我买那么多专辑,就问我:"你是音乐系的?"我摇摇头,她继续猜:"搞艺术的?"我想了想,搞文字的算是艺术吗?然后又摇了摇头。她没有继续猜,有点儿惋惜地自言自语起来:"如果你是搞艺术的就好了,你太适合了。"

我问为什么。她说:"你总是一个人看着专辑,在心里自己和自己说话。"

"你怎么知道我喜欢在心里自己和自己说话?"

"你总盯着一张专辑的封面看,我一张报纸都看完了,你还没看完,如果不是在自己问自己,难不成是不识字?当然还有一种是犹豫不决,因为没钱。嗯,对,你要么是搞艺术的,要么就是没钱。"之后她又补了一句,"其实搞艺术的,大都没什么钱……"

第一次听她说那么多话,真是句句有趣,忍不住多看了她两眼,可惜智慧也并没能让她立刻变得美丽。

我问:"那你呢?怎么来音像店了?"

她说:"在我们那儿,女孩20岁嫁不出去就会被人当累赘。"

"你都20岁了?看不出来啊。"

"没有,我才19岁。"

"那你什么意思?"

"明知道自己属于很难嫁出去的类型,何必要等到所有人觉得你不行的时候再投降呢?有这工夫,还不如出来见见世面。"

"你怎么知道自己很难嫁出去?!"虽然我特意加强了质问的味道,但其实只要说出这句话,就是一种变相的安慰。

她看了我一眼,说:"你愿意娶我啊?"

"我……当然不。"

"那不就对了,连你都不愿意,我怎么嫁得出去?"

我听出来了,她在骂我,我讪讪地干笑两声,心想反正你也没什么朋友,就让你损两句得了。

她看我没有回答,就歪着头看着我说:"生气啦?别生气嘛,我又没什么朋友,你算是我这两年来最熟悉的同龄人了,生气的话,以后我就不开这种玩笑了。"

我说:"怎么可能生气?你也是我这两年里最熟悉的陌生人了。"

她接着说:"好多人买专辑只是为了听,但你还会看。后来我也会看你看得很久的封面,也会觉得,有些音乐是需要搭配色彩的,有些人的长相就需要搭配类似的文字。当封面色彩、文字、歌手神态很统一的时候,那张专辑一定不会难听。"

音乐根本就没有好听和难听之分,只有有无意境的区别。至今我仍是这么认为,只要各方面恰到好处,说唱也能替代情歌唱哭别人。听音乐的人,总是积极的,能保持清醒,也能看到别人。

大概是聊得来的原因,我结账的时候她说:"你回去把包装留好,如果你觉得不好听,就原封不动地把它装回去给我,我拿到大批发商那儿退掉就行。"

"你……"我情绪上头,一时找不到词来表达心情。

"不用客气。"

"你怎么不早点儿告诉我,我那儿有好多难听的专辑,包装全扔了,只能当收藏品进行展览。"

年轻的时候,不熟悉的人说句你好,都是天堂。熟悉的人对你再好,你也觉得是天经地义。

这些道理都需要我们亲历人生,一步一步跌跌撞撞走出来,才能体会到。只要还在路上,就不怕懂得太晚。

时间就这么一年、两年、三年、四年地过去,她给我免费退了多少张听过的专辑我没算过,她给了我多少折扣我也没算过。但我记得,在音像店遇见了一个人,通过她,把这个人买的专辑都买了下来,后来在别的场合相遇时,两个人聊起共同听过的音乐,走得很近,就索性在一起了。我们也一起结伴去音像店淘货,偶尔会带一些好看的书或好吃的零食,权当感谢音像店的小姑娘起到的桥梁作用,直至少年的爱情无疾而终,她也从不问我们分开的原因。

记得还有一次,我在结账的时候,遇到有顾客问她:"老板,这张好不好听?"然后我就会帮她回答。我也从不说哪张专辑难听,就像之前说的那样,如果你没有那样的心情,就不会听那样的歌曲。

听歌,不会让你心情立刻愉悦。听歌,只会让你找到愉悦的方式。

记一段好词,写一段感触,沉浸在音乐的氛围里,体会某种情绪。

三言两语就能形容出来的感受,能被十几首歌曲细数到天明,也不失为一种享受。

久了,她就很不要脸地对我说:"哎,要不我把新到的专辑都先给你听一天,然后你帮我写一些推荐语好不好?"

听到这样的要求,我本来还想佯装矜持,可一副占了大便宜的嘴脸无情地出卖了我。"好!那我就拿这几张了!"我怕她反悔,拿了专辑就走。但我也绝对按时把自己的推荐语一一打印出来,让她抄在音像店门口的黑板上。

她说自从我帮她写了这些推荐语之后,店里卡带和 CD 的销售量平均每天都能多 30% 以上。我说:"你没有骗我吧?"她说:"我没骗你,不过好像我骗了别人,因为每个顾客都认为我全都听过了,哈哈。谢谢你。"

我很不好意思,连说:"谢谢你才对,让我少花那么多冤枉钱。"

除了少花钱,其实我也特别感谢她。那些嘲笑我听歌不挑的同学,也会去音像店根据我的推荐买专辑,然后用推荐语里的话跟我来分享。刚开始我觉得很好玩,后来觉得其实你是不是专业的并不重要,重要的是你认真去分享了,认真去表达了。"有时候,真诚和信任的力量比一切专业的力量更可怕"——大概十年后,公司的副总裁在《泰囧》创造了历史性电影票房纪录之后和全公司的员工这样分享。

大三,我开始忙碌实习之后,去音像店的机会就少了。夏天的某个晚上，我把几张专辑还她的时候，她突然说："我要回去结婚了。"我整个人僵在 CD 货架边，右手悬浮在空中，半天没动弹。现在想起来，我多少是进步了，我第一反应并不是我将失去多少免费听 CD 的机会，而是她这么一回家嫁人，我也许再也见不到她了，之后说出来的话，呼出来的气都是潮湿的味道。

我硬着头皮装作若无其事地开玩笑："你不是说你嫁不出去吗？怎么现在又要嫁人了？难不成对方是个瞎子吗？"

她哈哈地笑了起来，我也跟着笑了起来。笑着笑着她的眼泪就涌了出来，她说："就是一个瞎子。"

我就这么愣在那儿，很长很长时间，我脑子里只重复着一个念头，就是想把自己一个耳光抽死。说句对不起就像是秋后落满人行道的落叶，凋零又孤单。我甚至不敢抬起头看她，走出音像店的时候，我的脸仍在发烫。我不知道当晚我是如何回到宿舍的，一想起她笑着笑着就哭出来说的那句话，我就能看见一个自以为幽默聪明又面目可憎的自己。

一连几天，我不敢再路过音像店。我想道歉，也想祝福；想告别，也想随便说点儿什么，哪怕问问她的名字也好。终于，我鼓起勇气去了，音像店里的人却换成了一个中年大叔。

他看我站在门口，不停朝里面张望，不知所措。他问我是不是找之前的那个姑娘。我点点头，他说她已经走了。接着他问："你是那个帮我们唱片写推荐的男孩吧？"我继续点头。他从柜台里拿出一封信，说是那个女孩写给我的。

我把信放进书包，鞠躬道谢，钻进那条被外界戏称为"堕落街"的商业街中。天色一暗，人流一多，声音一杂，自己把自己扔进去，就很难被人辨认出来了。我脸上流着泪，一边走一边想，本以为最后的告别多少会温馨一些，谁知道竟是她哭着说自己要嫁给一个瞎子，而这是我记得她说的最后一句话。

我把事情都处理完，冲完凉，放上音乐，靠在床头借着台灯的光，开始读信。

第一次认真看她写的字，字和她的人一样，第一眼、第二眼和最后一眼都算不上好看，但看久了却也能记起那两颗大门牙来。她的字集体向右倾。我记得上高中的时候有人说过：写字右倾的人总是积极的，喜欢和人交朋友，却也容易受人的影响；写字右倾的人比起物质来更重视精神层面的交流。我想至今我们都不知道彼此的名字，估计是这个原因吧。

和你认识快三年了，你也快毕业了。我在长沙的这三年，没有朋友。

我曾经以为在音像店打工就像读书那样，和同桌在一起，能永远读下去。

后来毕业了才发现读书的好，直到你开始实习了，我才意识到你也要毕业了。我并没有要嫁给一个瞎子，但我知道如果再待在这样的音像店里，我就会像一个瞎子般生活一辈子。

谢谢你帮我推荐的近百张唱片，那些歌单我都记下来了，我会在未来的日子里反复播放，去体会你的心情。也许我会读书，也许我会继续打工，但是无论如何，我保证，我会一直去听音乐，就像你说的那样——听音乐的人，总是积极的，能保持清醒，也能看到别人。

谢谢你。也请你继续支持我们店的生意,你的折扣我跟老板说过了,他会继续给你优惠的。

看到这里,我哭着哭着就笑了。

后来,我毕业如愿进入了电视台;再后来,我又到了北京成为北漂。每次回湖南去母校,都会去商业街街口的音像店转一转,遇见老板还能聊两句。

几年前,听说那条商业街已经拆了重建,很多店铺都搬了家,我想也许等到新的商业街建好时音像店会再回来。但至今,这条商业街还未建好,音像店也不会再搬回来了吧。

这些年,卡带变成了MD,MD变成了CD,后来出现了MP3,出现了iPod,出现了能听音乐的手机。越来越多的人在网上下载,没有人再买唱片,大多数专辑也只是为了面子而随意制作。

借秋微的小说《莫失莫忘》中的一句话:世间最大的遗憾是我们能好好地开始,却没能好好地告别。

如果再给我一个机会的话,我会谢谢她,让我在贫瘠的日子里听到那么多的歌曲,人生因而变得饱满。有些人,在我们的生命中或许只是一段插曲,但经受得住主题曲的万般流转。

2005年,我搬到了北京,把那些年攒下来的大部分专辑送给了学弟学妹。

生命常有缺憾,幸好音乐能续久续长。

成长常有遗憾,幸好文字能温情温伤。

对一些人记忆深刻，并不是你们互相之间有多了解，而是在最青葱的岁月里，你们共同完成了一件事情。现在想起来，当年的 CD 店女孩从生活了多年的小镇出来，她所做的一切都是为了与生活对抗。她看出了我对音乐的热爱与零花钱的羞涩，我却没有看出她对生活的企盼以及对大学的向往。直到她离开了很多年之后，我再与朋友说起这个故事时，朋友才说，如果当时你能够多和她聊聊这个世界，聊聊你们的大学生活，或许她会有更大的勇气继续走下去，而不是被迫回了老家，怀着那种"浮上水面透口气，又被迫潜了下去"的心情。

以至于今天，当我再遇见这样的最熟悉的陌生人时，我都会尽力表达自己的情感和看法。如果真的有一天，我们失去了联络，我也希望我们留在彼此心里的，不是遗憾，而是回忆。

2014.2.28

几个在心中久久回响的关键词

有一种孤独是

你为了不让一个人失望而改变自己。改变的过程中,你希望这个人能知道自己的付出和努力。可等到自己真的改变了之后,你再面对这个人时,却已经不想提自己改变的初衷了。

关于梦想

无论梦想当初如何卑微,它不过是颗种子,会随着自我的关注而变得异常强大。

关于人格

高中之前的我,是极其讨好别人的人格。放学了要和人一块儿,晚自习要和人一块儿,为了有存在感,会主动帮打篮球的男同学准备凉水,会在第一节早自习课后帮女同学去买早饭,一切的做法无非是为了让他们觉得我有价值。一个能被人利用的人,多少不会被人遗忘吧——初中的我一直为了不被人遗忘而奋斗，我想每个人的青涩青春期多少都曾给自己挖过一些陷阱吧。

关于改变

时过境迁，老同学再遇见。感叹时光荏苒，青春不再；感叹时光红了樱桃、绿了芭蕉；感叹时光旧了面孔、伤了回忆。20岁出头对于很多事情都不知起因与结局，只有一脑子的情绪。等到过了30岁之后，什么事情都开始有了因为、所以。

因为成长，有了思绪的积淀，所以整个人活动起来就失去了青春期那种骨头生长时的脆脆声响。

因为能和有趣的人进行两个小时的交流，所以又能把自己的思路做一次清晰的梳理。

因为每一天都不是自己能想象的，所以每一天都活在感恩里，所以从来就没有抱怨过这样的日子。

因为习惯于说出事实的答案，所以省去了对情节的思考。这样的人生，枯燥无聊。不能思考的人生，具有毁灭性。

幸运的是，纵使我们的世界趋于稳定，但由于世界上还有"遇见"这个词，所以每天我们都能充满期待。

正如我从来没有想过能遇见一个人，听这个人说着我曾那么热切对别人说过的那些话，我了解但并不会免疫，反而更能理解对方心里想的是什么。大多数悲剧都是因为——有呐喊，却鲜有回应。

成年与未成年最大的区别或许是我们开始越来越爱深夜，而只把冷静留给白天。

关于内心的宁静

所谓夜深才会人静。其实好多时候，越是夜深，人越不平静。你会发现，平日心底那点儿虫子般窃窃私语的怀疑，总会在那时如回响般阵阵轰鸣。心里空了一块，才有回响。你越来越明白这个世界，你明确地知道在某个地方有人爱自己；知道自己的工作不会停；知道同事还在为目标继续努力；知道自己是谁，在哪里，未来在哪个方向等着你……如此心里才会被一点儿一点儿填实，夜深而人静。

至今，我仍会突然之间发呆，思考一些自己忽略掉的东西。正如我重新打开自己博客，写下一些自己对自己说的话，然后发现在这些年的过程中，得到了很多，也失去了很多。

就拿博客来说，很多90后的孩子，或许都已经没有了这个概念。

而对于80后的我们而言，博客越来越像一扇时空之门，连接着很多年前相识的彼此。

而这几年的时光，人与人均是一张陌生的脸，亲热也不过是微波炉加热过的食品，水分和温度都会更为快速地流失，瞬间就能干涸。

有的朋友，没有关注微博，也不是微信好友，手机号码早已换号，唯一的联系便是每年生日的日志下的留言。一如既往，不早不晚。仿佛，我和他们的关系，仅仅存在于博客的世界里。我们或许都知道，如若有一天，博客崩塌遗忘，我们便再无联络上的可能，可我们仍没有多问出那句：我们是否要留下彼此的联系方式？

我们把对方都留在这份干净的回忆里，不嘈杂无喧嚣。

那时我们会在博客里留下大量的言论，一篇一篇，比日志还长，却乐此不疲。讨论看过的书，写过的诗，对某个作者的看法，固执又青涩，却充满了战斗的锐气。现在，不想说就不说，观点不对就隐藏，懒得争论，疲于对抗。

再过几年，有几人会记起自己的博客生活？不得而知。

那些年博客上的自己，那些年不隐藏的自己，晒出各种伤疤，留下各种走近内心的隐蔽线索，等人按图索骥抵达——因为我已读完你的日志，所以我知道我爱你。

那时的伟大而隐秘，真好。

2014.3.1

扫码收听 本章歌单

18岁不明白爱究竟是什么，于是寻找到19岁。

19岁开始懂得爱原来是让另一个人明白你的爱，并且和你在一起。

可是却被20岁的理解推翻。

20岁认为爱情应该是对方对自己无微不至的照顾和关怀。

21岁觉得爱情不应该仅仅是享受对方的照顾，对方也必须是很优秀的人才行啊！转眼间22岁。

22岁终于知道自己年少的幼稚，原来爱情应该是两个人同甘共苦、共同奋斗。面对一切的寒流，取暖才是最重要的。所谓快乐，所谓照顾，都是瞎掰。

23岁斗志燃烧，原来爱情是两个人的天长地久白头偕老，生生世世分分秒秒都要在一起的承诺。这样才有足够值得珍惜的未来。

24岁有些麻木，工作生活工作再生活。免不了争吵，免不了无聊。看别人的爱情兴盛，我们的爱情是不是需要一些快乐？

25岁的爱情足够快乐。但如果不快乐,那还算是爱情吗?
争执难过多过快乐的爱情是我们今年的写照,还是未来的描绘?
26岁,半支烟从阳台上扔下去,袅袅细细的香气,星星点点的光芒。
27岁至30岁,在爱情里划过的多属流星。
刚开始时,总是虔诚地对自己许个愿,然后次次真挚,于是场场落空。
没有太好的结果,也不失为情感经历的起落。
31岁突然不明白爱情了。不知道爱情究竟是感情最后的沉淀,
还是感情初始的喜悦,抑或是经历过初始的喜悦,也耐得住最后的沉淀。
总之,我那时周围的好爱情,都少了当初的爱,却充满了多年的情。
32岁,想明白了一件事。你不想负人,你偏负了很多人。
所以你唯有尽心尽力付出你所能付出的所有,不辜负自己,才能不辜负他人。

直至33岁,不想辜负任何人。

人与人之间的关系,
常常由熟悉到误解,从分离到释怀。
释怀似乎才是最终认识自己和理解别人的方式。
当时想不明白的原因和愤怒转身而去的情节,
都会随着成长而渐渐释怀。
释怀不是不再生气,
也不是没有感情,
而是面对曾经最熟悉的那个人
还能问上一句:你还好吗?

爱，不是没有争吵，
而是争吵之后，爱还在。

我喜欢去旧货市场逛逛,
然后想每件家具曾经的主人会是怎样的。

皮革上的斑驳,椅背后的刻字,
还有一些我们看不到的感情的承载也用来转手。
我喜欢研究这样的旧家具。
你说:"别研究了,反正你也快成我的旧家具了。"

既然两个人决定了
要在一起生活，
你就必须接受对方的全部，
而不是你喜欢的某一个部分。

于对方也是一样。

你写了成百上千条微博、朋友圈或日志,
有些是写给专门的人看的。
但往往这个人看不到,不会看,也不想看。
直到有一天,
另一个不相关的人突然跟你说:
"你写的所有东西我都看完了,好心疼你呀!"
你看,真正在乎你的人读的不是你的某条心情,
他们想读的,是你的整个人生。

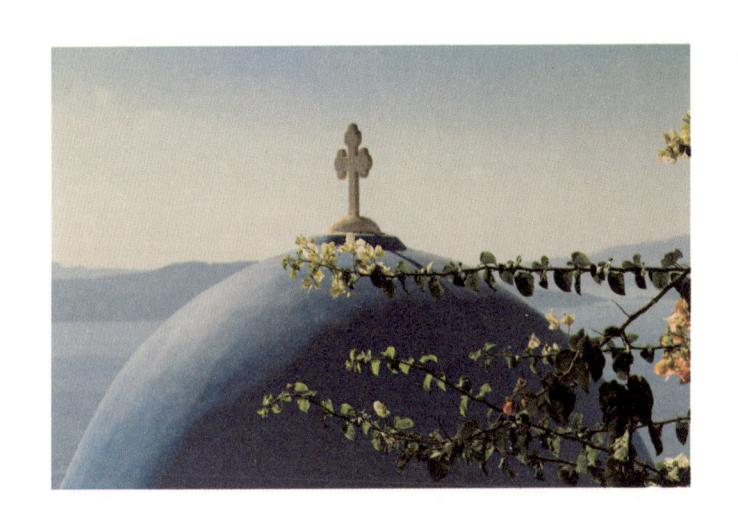

想起书里的一句话：
说不出为什么爱你，
但我知道，
你就是我不爱别人的理由。

《这个杀手不太冷》里的台词,
我们都背了下来,
彼此都记得深刻——
我对你最深沉的爱,莫过于分开以后,
我将自己活成了你的样子。
到了今天,
再听到你的消息,
为你活得越来越精彩而万分开心,
虽然在离开你之后,我彻底变成了灰色。

你并没有成为我回忆里的风景，
你站立的地方仍是一片尴尬感情的泥沼地。
时间可以让过去变成两种美好：
一种美好是只记得温暖的画面；
另一种美好是让人更为确认，
没有什么比离开你更为明智。

理解孤独

你以为
做的一切
都是为了身边最亲近的人,

后来你才知道
最亲近的人
最需要你做的
只是你在身边。

第三章

趁一切

还来得及 ……

妈妈的钱都花在哪儿了?

有一种孤独是

与最亲近的那个人面对面的时间和空间里,一直在质疑,而当你转身离开,却瞬间意识到自己的过错。

工作第一年,认识两位大哥,我才知道一个人月收入的个人所得税居然可以被扣 1500 块以上,比我的月薪还要高。

去了北京,找到第一份工作,我才知道原来真的有超过 3000 块月薪的工作,原来我也能拿到 6000 块!

后来的日子,我不停被这些事情"脑震荡",只能在心里默默地"哇!哇!哇!"。为什么其他人都宠辱不惊,而我却痛哭流涕感动到不能自拔?我小心翼翼地和朋友分享,一些人觉得我矫情嘚瑟,另外一拨人觉得我是个怪胎,他们问:"你被什么人养大的啊?"

我妈天秤座。

小时候,没人懂星座。

和她沟通总要历经"不经一番寒彻骨，哪得梅花扑鼻香"的苦难。

我说的任何事情，只要和她预想的不一样，她就选择拒绝。

然后我就求她。

她肯定不听。

于是我跟在后面继续求。

5～10分钟后，她磨不开面子，就会满足我的要求，但会打折扣。

我问她要10块零花钱，她同意之后，只会给我8块。

我问她要500块缴学费，她只会给我480块。

一开始，我很困惑，学校要500块，我妈只给我480块，还有20块我怎么办？

最后我会哭着找我爸，头几次，我爸都会帮我解决问题。

后来我爸也烦了，去找我妈理论："你不要每次都少给他钱好不好，全家的工资都在你那儿，我自己零花钱都不够，你还要让我补差价，那你以后多给我一点儿零花钱啊。"

我对我爸充满了同情……

我爸和我整日蹲在家庭的土壕后，躲避我妈的狂轰滥炸，时不时也回个手榴弹。

被我爸一揭穿，我妈的脸就挂不住了，从上下五千年我们家如何建立开始，说到他俩结婚多不容易，亲戚没给赞助，生病没人照顾。

自己说得动了感情，就开始流泪。等她哭一阵，我就会轻扯她的衣角，说："妈，别哭了，爸爸也不是有意的。"

她不会理我,继续哭个 5 分钟,然后拿出钱包,把剩下的钱补齐给我,然后多给我 2 块——权当我配戏的价码。

读小学的时候,我很爱看《七龙珠》《圣斗士》《阿拉蕾》等漫画书,一套五本,一共 9 块 5,周一到货。我跟我妈提了几次,她也不接茬。

我就只能跟在同学后面,和他们混成好哥们儿,然后才能领号轮流看。有一天,我实在受不了跟在别人后面当马仔的压抑,回家大哭了一场。我妈问我怎么了,我说别人都有零花钱买漫画书,只有我要蹭书看。我妈默默地叹了一口气,走进自己的卧室。

我每次都认为她是走进卧室拿钱包,等待剧情反转的我每次都是抹干眼泪跟了进去。她从抽屉里拿出一把工资条,然后和我坐在床边,跟我说起她和爸爸的工资。

我瞄了一眼,她和我爸的工资加起来还不到 2000 块。妈妈说:"一家三口,你有学费,我们有伙食费,家里还有很多亲戚,一个月家里只能存三五百块。不是妈妈不愿意给你买,确实是怕万一有个突发状况啊。"

我突然就不想要漫画书了,我觉得我妈都给我摊牌了,拿出了那么私密的工资条,就是把我当大人看待,我不能做幼稚的事。

从小学,到初中,再到高中,近十年,每次我想买点儿好东西,她都会拿出她和爸爸的工资条给我看,工资加在一起永远都不过 2000 块。所以成长期的我多多少少有一点儿懊恼,觉得自己家真是⋯⋯波澜不惊一潭死水⋯⋯

以我那时的智商压根儿就想不到,我妈给我展示的工资条永远都是他们90年代的工资条……1月到12月反复使用……吐血都来不及了……

我是一个不关心国家经济的人，不知道国家GDP增长，工资也要相应增长。正因为我不知道的事情有很多，所以我妈给我穿过我小姨的衣服——节约钱呗，她也不管是不是镶着金线蕾丝边，有没有人会嘲笑我，搞得我至今都有点儿怪娘怪娘的。

我爸妈都在医院上班，下班没点，我妈就说如果你回来进不去家门，困了就躺在门口睡一会儿——我就真的会坐在水泥地上靠着门没心没肺地睡觉，搞得我至今能适应任何环境倒头就睡。

我有时觉得我妈做一名护士真是可惜了。她应该被聘为国家的特级导游，因为同样的话不管她说了多少次都能声情并茂，一副情窦初开的模样。

"你看，我和你爸的工资加在一起都不到2000块，我们一家三口，你要读书，我和你爸还要生活，家里那么多亲戚，一个月根本存不到什么钱，将来你读大学的生活费怎么办？将来你结婚怎么办？"

我妈对我的未来规划得很远。她说男孩子结婚要给女方很多钱，没个10万块不行。现在一个月只能存500块，一年还不到1万块，得存十几年。万一有个突发状况，我就不用成家了。她真把我当废物了。

事实证明，把我当废物可能也是对的。从小学起，我的成绩就一路折戟沉沙，毫无意外。读初中时交了小几千块的建校费，读高中时交了大几千的建校费。

考大学时，因为分数不够进入补录档，要交好几万块的额外费用。

几万块！！！可以买我几条命了。

我在家里多浪费一滴水，我妈就要骂人。开了空调出房间一分钟，她就要把空调关了。客厅的灯几乎不开，只放个小台灯在茶几上……

想着想着，我自尊心全无，枉为人子。

我对自己的未来完全绝望。

我妈问："你真的想读师范大学吗？"

我点点头。

我妈让我跟着她去了银行，柜台上我妈从包里拿出几本存折，把钱都取了出来，然后把挎包贴身带着，领着我坐上火车，直奔大学招生办吭哧吭哧把钱交完。

然后扭头对惊魂未定的我说："你真走运，交钱还能读大学。很多人交钱都读不了呢。"

我含着泪，猛点头。

那个数字，对家里来说算是很多很多，她应该存了不少年。我要零花钱的时候，10块钱都像要了她的命，可一旦要帮我"了难"的时候，她取钱的速度就变成了抗洪抢险的解放军。

后来我在北京找到了一份工作，跟她炫耀工资居然有6000块耶。

她掐指一算，给我下了一个命令——请每个月给我和你爸寄4000块回来。我还没有开口，她噼里啪啦地又给我洗脑："你知道我和你爸每个月工资多少钱吗？你读书花了那么多钱，还问亲戚借了不少，现在不节约，到时候你结婚怎么办？我帮你算了一下，你的房租 900 块，伙食 500 块，再留 600 块零花，剩下的全给我。"

噢，我揣着一颗颓废到死的心挂了电话。

我对钱的概念不多，我只是知道家里随时都缺钱，所以从工作开始我就没大手大脚过，30 岁之前没有出过国，只旅游过一次。

2006 年春节，我领了 1 万块奖金，决定给我妈和我爸每人 5000 块。

我妈说："你给我 6000 块吧，给你爸 4000 块，反正你爸的钱就是拿去打牌。"

我说随便你吧，然后就把 1 万块给了我妈。然后我妈转身就给了我爸 3000 块，自己留了 7000 块。我觉得我妈这辈子这么喜欢与钱互动，上辈子和钱该有多过不去啊！

那个春节，我过得非常糟糕。不允许空房间开空调预热，不允许客厅开吊顶灯，不允许用电暖炉，不能买矿泉水只能烧开水喝……我实在受不了了，和我妈大吵一架："你知道我从来没有出去旅游过吗？你知道我住的房子是旧民宅吗？你知道我没有买过一件奢侈品吗？你知道每次我回湖南都尽量坐火车吗？这些我都能理解，但你不能让我活在古代！"

我妈被气得一句话都说不出来，大过年的一个人在房间里抹眼泪，我有点儿后悔，就过去劝她，然后她果然又说了："你知道家里这几年是怎么过来的吗？你读书花那么多钱，又希望你能在北京买个房子付个首付，我和你爸……"

"行了，行了，你别说了。我不开空调了，不开灯了，我不待在家里总行了吧。"

整个春节七天假，我在外面玩了五天，临走回北京，我妈站在客厅看我收拾行李，问我："回北京钱够不够用？"我说够了。我妈说："如果不够你就告诉妈妈。"我说哦。

回到北京的时候，收拾行李，发现行李箱里多了一个信封，我好奇地打开，里面厚厚的一沓钱，数了数，2万块。还有一张字条，上面写着："同同，对不起，妈妈没有想到你一个人在北京过得那么辛苦。请原谅妈妈的节省，我其实只想为你存些钱，但是我不希望你过得不开心。这些钱你先改善一下生活，不够的话妈妈再给你。"

我顿时泪流满面。

两个原因。

一是觉得妈妈真的很爱我。

二是觉得自己那么多年活得像个傻缺。

嗯，就是一个傻缺。

现在的我已经学会了如何让她妥协，比如买了新衣服给她，她问多少钱，我就会说打一折买的，特别划算。因为家里自来水的水质不好，所以希望她多喝昆仑山，然后就骗她说："把瓶盖搜集起来，我可以去找昆仑山的公司报销，因为我们是合作关系。"包括家里的电费，我也说："你给我开电费的发票,公司有电费补助,我一个人根本用不完。"只有这样说,她才会小心翼翼地开始使用,然后渐入佳境。每个人的妈妈好像都这样,平时花钱特别节省,可一到子女真的需要用钱的时候,她们一点儿都不含糊。最近我给我妈买了一个 iPad,她很生气地问我为什么又要乱花钱,我一时语塞,然后只能硬着头皮回答:"机场捡的。"

2014.3.3

有些错,要用一生的努力去弥补

有一种孤独是

即使你做了错事,爱你的人却一直说没关系,连弥补的机会都不给你。

自从嫁给我爸之后,我妈便很少有外出的机会。我爸是医生,几乎每天都有一两台手术,工作非常忙碌,所以妈妈便从护士的岗位退下来,换了一个岗位,以便有更多的时间来照顾家里。

我妈并不擅长持家,嫁给我爸时也不会做任何家务,更不用提做饭了。我妈年轻时长得清秀,气质出众,追求者络绎不绝(我爸说的,可信度高),每天中午去食堂吃饭都会打很多菜,吃几口剩下的全倒进垃圾桶,一副大户人家娇生惯养的小姐样子。我爸那时正好是团委书记,穷苦孩子出身,一看我妈这副德行,气不打一处来,就把我妈当成了重点教育对象,从抗战的艰苦说起,再到农民对粮食的尊重,一来二去,我妈就和我爸恋爱结婚了。

结婚之后,所有的家务活都是我爸做。我妈当时最擅长的事情就是吃完晚饭出去跳一会儿交谊舞，然后回来给我和我爸织毛衣。由于我爸工作出色，就被派往上海瑞金医院进修一年。脱离我爸之后，我的伙食一日不如一日地熬到了大年三十。

我记得那天我在小伙伴家玩啊玩啊，他们的父母、亲戚热热闹闹地忙活了一整天，然后非常有礼貌地问我是不是要留在他们家吃团圆饭的时候，我才想起来应该回家吃年夜饭了。

回到家，我妈正坐在厨房里对着一大堆猪肉、猪蹄默默流泪。她看着我说："你爸今天可能回不来了，所以我们两个人随便吃一吃好吗？"

我眼眶一红，觉得自己特别可怜，然后对我妈说："那你可以去给家里买一点儿瓜子吗？你去买点儿零食，我在家里做面吃。"

我妈哭哭啼啼地收拾好东西，正准备出家门，突然门铃响了。我妈打开门，我爸背个大军用包兴奋地站在门口，我妈哇的一下抱住我爸就哭了起来。我看我妈一哭，跑过去抱住我爸也大哭了起来。我和我妈的哭声就这样淹没在了连绵成海洋的爆竹声中。

我爸抱了抱我们，看了看家里的惨状，大概明白怎么回事了。他把包往地上一放，然后把给我和我妈的礼物拿出来，让我们暂时缓了缓悲痛的情绪，自己换了件旧外套，生火、架锅、炸年货，开始做起年夜饭。

我一辈子都记得，那是晚上 8 点钟，《春节联欢晚会》开始了。我和我妈坐在床上嗑瓜子，我爸一个人在厨房忙碌，红红火火，一刻都不停。到了晚上 10 点，他大叫一声："吃饭喽！"我跑出去，猪蹄、粉蒸肉、红烧鱼、青菜、可乐、他的酒，满满当当摆了一桌。我当时只是觉得饿了，拿起碗筷就吃。很多年后，我想起那一幕，就很想哭，我觉得我爸简直太神了，我根本连我爸一半的男人味都不及。

我爸16岁时是药房抓药的学徒，后来自学成才考了大学，再后来自己找朋友打了很多上山挖药的铁具，再去更大的医院进修。很多老医生喜欢他，离世前把自己的很多秘方都传给了他。家里有一个书房，四面墙全放着他的医书，后来他成为一所三甲医院的院长，也是在医学院给大学生们上课的医学教授。

一路上，他都按照自己的方式在努力，并且坦然接受着所有的回报。

因为爸爸是医生，每天我上学了，他也许还没醒，我睡觉了，他还没有下班。我对他的了解并没有那么多，那年的大年三十，我第一次觉得他是家里的顶梁柱，如果爸爸不在，我和我妈就完全失去了方向。

也就是从那一次之后，我妈开始学习如何做家务，如何洗菜做饭。

即使她第一次给我做汤泡饭时，错把洗衣粉当成了盐放进去，她也一直在坚持变着花样给我做好吃的。我问她："第一次给我做饭那么糟糕，为什么后面还会有信心做得好呢？"她说："你们老说这个是妈妈的味道，那个是妈妈的味道，我不希望每次提到这个的时候，你就会想起洗衣粉的味道。"

有些爱就是错了一次之后，便希望用一生的努力去弥补。

大三的夏天，爸爸带着我和妈妈一起去了大连旅行。

依稀的印象中，我只见过我3岁时和他们共同旅行的照片，后来我读书了,他们的工作也忙了起来,三个人一起外出的机会几乎为零。

我们住在大连海边的一所旅馆里。环境一般,但想到是全家一起旅行,还有即将要去的景点,心里还是蛮激动的。

只是没有想到,我爸每天早上 6 点就起床,一个人去海边溜达,也不带我和我妈。我和我妈只能自己行动,坐一个多小时的公交车到当时大连最繁华的大商场。下了手扶电梯,全是各种热闹的专卖店。进入第一家专卖店,我妈拿起一件 99 元的 T 恤,皱了一下眉头,然后对售货员说:"能不能便宜一点儿,30 块我就买。"售货员似笑非笑地看着她说:"大姐,我们这里不砍价,如果你要买便宜的,可以去批发市场。"说完之后,瞟了瞟我。我立刻拖着我妈离开这家专卖店,然后低声告诉她:"妈,专卖店是不能讲价的。你可不要再讲价了,太丢脸了。"

然后我们又进了第二家专卖店,我妈又给我爸看中了一件 T 恤,还是 99 元,然后她对售货员说:"100 块我买三件,卖不卖?"

可想而知当时的局面有多么尴尬,出来之后我很严肃地对她说:"如果你再进专卖店砍价,我就不和你一块儿逛了。"

没有想到,到了第三家,我妈依旧这么做了。我的脸突然就垮下来,转身就把她抛在了交错的人流之中。

现在回想起来,那时的人很多,我妈身高不到一米六,我一转身,她就看不见我了。她没有手机,不知道旅馆的地址,连坐公交车也是跟着我坐的。她将近二十年没有出过我们生活的城市,她的脑子里没有专卖店的概念。她曾被外公外婆当掌上明珠对待着,每个月给她补贴最多的生活费。每次回老家,外公都会派车去接她,只因遇见了我爸,她开始学习持家,一切都买最划算的,再也不会浪费,再也不会问外公外婆要生活费。只因为在专卖店谈了价钱,她就被她大三的儿子甩在了陌生城市的闹市区。

那天,我心情不好四处逛,直到晚上10点才回到旅馆,我爸问我妈去哪儿了,我说不知道。妈妈是10点半回来的,我爸问她去哪儿了,她什么都没说,也没有责备我,好像白天发生的事情根本就不存在一样。过了好多年,我参加了工作,看着旧照片,突然想起我们一起去大连的这件事,我问我妈,那一次大连的旅行,为什么爸爸每天都在海边独处。我妈告诉我,那是爸爸从医生涯中第一次出现失误,造成了医疗事故。医院怕爸爸想不开,给爸爸放了一次假,希望妈妈和我能陪着他散散心。对于我爸那种好强的人而言,那无疑是他人生中最大的一次否定。在大连的日子里,我妈不敢劝他,也不敢告诉我,每天都怕爸爸突然想不开万一在海边出了事怎么办。

拿着旧照片,听着妈妈的叙述,然后突然想到那一次我把妈妈扔在大连的繁华闹市区,我的心就像被刀子狠狠地戳了一下。当时妈妈的心情已经糟糕到无依无靠、不知道该如何是好,而唯一值得依赖的儿子却把她甩在了一个陌生城市的心脏,通向肢体的微细血管无数,她根本就找不到回旅馆的路。

胸口戳的那一刀,拔出来必死,不拔出来也有止不住的血哗哗地流。我看着我妈,她仍在回忆爸爸当时的心情,似乎对我把她甩在闹市区的事情完全遗忘了。

我欲言又止,心里憋得难受。我装作很无所谓的样子问她:

"那天晚上你怎么回旅馆的啊？"她想了想，很云淡风轻地说："忘记了，反正转了几趟车就回去了。"

我笑着说："你真厉害。"心里却特别想对我妈说一万句抱歉，看着她似乎完全不记得我伤害过她的样子，这句抱歉却怎么也说不出口。

我和妈妈的关系很好，可是关系再好的人，总有一些心底的话说不出口。之后，我开始变得喜欢陪我妈逛街。她也很开心，而我也不管自己的信用卡里究竟还有多少额度，只要她看中的衣服，我都会立刻让店员包起来，然后告诉她："我赚钱很容易的，简直是一小时赚1000块那种节奏。"其实每次给她买完东西，我都要辛苦地还好几个月的信用卡。而我这样做的唯一目的就是去弥补大三的时候对她造成的伤害。

她说过："我不希望每次提到'妈妈的味道'几个字时，你永远想起的都是带着洗衣粉味的泡饭。"

其实我这么做的目的也是一样，我不希望她每次走进专卖店的时候，想起的都是我把她抛下的尴尬。

越是亲近的人，越是有些话说不出口。也许我们都知道，很多事情都已经过去了，再大的伤害都不能阻止我们现在的感情如何亲密，只是，如果你真的爱一个人的话，你总是希望能用自己的方式去弥补过去时光里造成的伤害——无论对方现在是否还需要。

故事写完了，时间还在继续。

我在大学宣讲的时候，说起过这个故事，很多同学都被感动了。有同学问:"那你现在有对妈妈说过这件事情吗?"我说没有。他问:"你打算说吗?"我想了想,回答他:"也许我不会再当面跟她说这件事了,但我会在心里一直提醒自己。很多事,说出来是一种解脱,但留在心里才能一直反省。"

我妈曾说:"你每次去大学,都跟同学们说些什么啊?我能去听听吗?"我说:"那我回湖南的时候,你来吧。"她说:"好啊。"等到临近的时候,她又说:"我要和我的姐妹们去约会,你自己去吧。"我说:"好的。"

回来后,我爸却告诉我:"你妈一直在家里上网搜索微博,看你宣讲的反应。"

亲近的人永远把话藏在心底,却用行动告诉全世界自己很在意。

2014.3.9

不能对外婆说的话

有一种孤独是

小时候觉得顺其自然的事情,稍微大了之后认为那是按部就班,直到有一天,你才发现一切所剩无几、无能为力,只能且行且珍惜。

连着几个周末都在外地工作,一晃就到月底了,想着之前对外婆承诺的"我一定每个月都回来看你一次"即将失效,心里满是愧疚感。

给外婆拨了一通电话,照例很快接起来,仍是大嗓门在话筒里问:"哪位?"

我见过很多人的爷爷奶奶,无一不是因为听力下降,导致无论别人说话还是自己说话都是大嗓门,但唯独外婆是例外。她的大嗓门由来已久,小时候每次听到外婆喊自己就心慌,现在隔着电话听起来却显得中气十足,非常健康。

我十分抱歉地对外婆说:"外婆,最近周末都比较忙,这个月不能去看你了。"

外婆说:"没关系,那你打算什么时候回来呢?"

"下个月,一定回去看你。"

"今天多少号啊?"

"27号了。"

"那你是1号还是2号回来啊?"外婆问得特别自然。

我突然一愣,说实话,对于外婆即时的反应,我常常分不清楚她是幽默感太强,还是因为心里确实是那么想的。因为想我,所以希望我能尽快回去,还是觉得这个笑话说出来,我仍然会像当年一样哈哈大笑,然后对外婆说:"你不要逗我啦。"

自从外婆的年纪过了80岁之后,我越来越分不清外婆的幽默了。她83岁那年来北京看我,我约了一大堆朋友吃饭,整个席间我和好朋友们开着各种荤素不一的玩笑,常常是话音刚落,外婆就哈哈大笑起来。

女性朋友说:"你们怎么来这么晚,我一个人坐在这里等你们很尴尬好吗?"

我们回答:"你化那么浓的妆坐在这里,你怕别人花100块就把你带出去是吧?"

外婆立刻:"哈哈哈,哈哈哈。"

头几次,大家以为外婆只是为了给我们这些晚辈捧场,后来听着听着感觉不妙,然后我试探性地问外婆:"外婆,你每一次笑是为了捧场还是真的听懂了啊?"外婆特别自然地回答:"本来就很好笑嘛。"我看着她笑眯眯的样子,仍将信将疑。

外婆刚到北京时,我开着车带她四处兜风。她不愿意坐在后座,一定要求坐在外孙的副驾驶座上,说是离我近。

外婆坐在车里看着北京每一座高楼，问我这是干吗的，那又是干吗的。

我不知道该怎么回答这样的问题，因为无数次我经过北京这些大楼时，我都会问自己：那么多楼，那么多空间，那么多人，他们究竟每天都在做些什么？

这个世界，我了解得并不多。我说我也不知道，然后抱怨干吗要起那么多楼。外婆就会哈哈笑起来说："当年那么少人，那么少房子，我活得这样。现在那么多人，那么多房子，我还是活得一样。你说多那么多东西有什么用嘛？"

外婆说完这一段，我忍不住看了看她。外婆就像个怀春少女面对众多相亲者般，低声细语对闺密说出自己心底的那点儿小心思。我特有体会地附和着她："我也觉得，要那么多楼干吗？"

她继续微笑着看着车窗外，过了一会儿突然很疑惑地对我说："你看，又是一辆2号车，为什么我们总是遇到这辆2号车？"

"2号车？"我顺着外婆的视线看着车的右侧，一辆出租车正在并行。

"哪里是2号车？外婆你看得清车里的编号？"我很诧异。

"你看嘛，那么大一个2贴在它的窗户旁边嘛！"外婆指给我看。

我仔细一看，那是每辆出租车上都会贴的标志"每公里收费2.00元"，那个"2"被印得老大，于是外婆就把所有的出租车都当成了"2号车"。

外婆就是这样，什么都问，什么都觉得好奇。印象里外婆好像一直是这样，也从来没有发过脾气，对我总是笑嘻嘻的。

外婆年轻的时候，中国的钨矿业发达。外婆带着全家生活在全国有名的大吉山钨矿，她是钨矿的一名选工。顾名思义，就是站在传送带旁边把混杂在钨矿里的废石子都给挑选出来。后来，外公当选了钨矿的党委书记，组织上为了照顾外婆，把外婆从选工调动到了电话接线员的岗位上。说是照顾外婆，其实是为了让外婆有更多的时间照顾家里，以解放外公照顾家庭的时间。

由于工作，我父母常常夜里加班，而我夜间醒来找不到他俩，就会哭着跑去医院，在病房走廊上大哭一场，谁都拦不住。那时的我4岁，父母没办法，便把我扔回了江西外婆那儿。

因为知道我怕孤单，所以外婆上班时就会带着我，绝不会扔下我一个人。她常常任我在电话接线间里胡来，比如我会把各种线拔出来，插到不同的孔里。她总是乐呵呵地看我把她的成果搞得一塌糊涂，然后十分有耐心地把它们一一恢复原位。后来我就不让她看着我乱来，而是让她转过身数二十下，我趁机乱弄一气，然后再看外婆把正确的线插回正确的位置——现在想起来，这简直就是QQ游戏《连连看》的最早版本的最高境界嘛。我想如今外婆以八十好几的高龄仍然如此灵动且冰雪聪明，一定与我当年对她"连连看"的培训密不可分。

因为这样每天都和她黏在一起，所以谁都不能取代外婆在我心里的地位，当然我也绝对不允许别人取代我在外婆心里的地位。后来表弟出生了，我很爱表弟，所以当外婆带他的时候，我也会一直在旁边跟着。外婆每次哄表弟之后，就会回过头来和我对视一眼。我便迅速扭头，不想让她知道我那么在意她对我的关心，也不想让她知道我在妒忌表弟得到的关心。

其实每次她回过头看我的时候，我都特别开心，特别特别开心，虽然我装作满不在乎，但是如果有一次她没有按时看我一眼，我就会非常难受，情绪跌到谷底，之后再怎么唤也唤不回来。

有一次全家吃饭，我和表弟以及其他的邻居在院子里玩，外婆跑出来叫了一声表弟的名字，让他赶紧洗手吃饭。但因为没有叫我，我故意不进屋，故意不吃饭。后来小舅出来喊我，我也是很不情愿地跟着进了屋，一整晚都处于极度的难受之中，我觉得外婆已经不在意我了，表弟已经完全成为她生活中最重要的部分了。长辈们问我怎么了，我只摇头，什么都不说。外婆走过来也问我怎么了，我头扭过去，仍然什么都不说，唰，两行眼泪就流了出来，憋着不哭，鼻涕也流出来了。

外婆看我什么都不说，默默地叹了一口气，准备转身去收拾餐桌。我突然从后面跑上去一把抱住她，把头埋在她的腰间，大哭了起来，然后反反复复说着："为什么表弟叫你奶奶，而我要叫你外婆？为什么我要叫你外婆？"全家人都愣住了，不明白我的意思。

小舅跟我解释："因为舅舅的孩子叫舅舅的妈妈就是奶奶啊，阿姨的孩子叫阿姨的妈妈就是外婆。"

"我不要叫外婆，我也要叫奶奶。因为外婆，有个外字，我不要这个外字，我不是外面的！！！"我真是流着鼻涕眼泪上气不接下气地说出这一长串，哭得天花乱坠，却轰的一下把所有人的笑穴都给点了，哈哈哈哈哈哈，哈哈哈哈哈。我一看他们笑得那么厉害，哭的声音就更大了。外婆蹲下来，抱着我，又好笑又心疼，眼里也全是眼泪，说："好好好，我不是外婆，以后你不要叫我外婆了,你叫婆婆、奶奶都行。"

这件事情是后来外婆告诉我的,我都不敢追问细节,因为任何追问都是对自己的讽刺。外婆回忆起来的时候眼里闪烁着向往,她说:"小时候你一直跟着外婆,后来你去读大学了,又去北京工作了,现在我们一年都见不到两面,幸好那个时候我们一直在一起啊!"

我听得懂外婆的意思,我长大了,回到她身边的机会越来越少了。我向她保证,我一定会争取更多的时间来陪她。

直到三个月前,妈妈给我打了一个电话,话还没说两句,就在电话里哭了起来,她说:"你外婆脑血栓住院了。我给外婆家打电话打了几次都没有人接,我觉得不对就去外婆家找她,打开门才发现外婆脑血栓倒在客厅里几个小时,动也动不了……"说着泣不成声。

我的头嗡的一声就炸了,外婆住院了?

我语无伦次,不知道该问什么问题,最后憋出一句:"那现在呢?"

"现在已经度过危险期了,清醒了,认得出我们,但是说不了话了。"

不知怎的,那一刻我并没有因为外婆不能说话而难过,反而突然觉得自己好幸运,起码外婆还认得我。

连夜,我赶回了湖南,心急如焚。

从公司去机场的路上,从机场去高铁的路上,从高铁回家乡的路上,往事一幕又一幕浮现,眼泪在眼眶里打着转,滴滴答答滑落在焦急的归途中。

还好，上次她来北京，我带她去了长城，游了故宫，看了水立方。

我想起那时，我问外婆："外婆，从北京回湖南，我给你买机票回去吧？"

她问："贵不贵啊？"我说："不贵，打折特别便宜，我担心的是你高血压能不能坐啊？你恐高吗？"

她说："我没有坐过飞机，你让我坐我就坐。"她真像个孩子。

从长沙回郴州的路上，妈妈给我打电话，语气里有掩饰不住的兴奋："你外婆简直神了，不仅神志清醒，而且说话也恢复了。你等一下，外婆要跟你说几句。"

然后外婆的声音就在电话里出现了，依旧是大嗓门，只是语速变慢了很多，像随身听没电的感觉。她在那头汇报她的病情，让我不要担心，我在这边接着电话无声地落泪。

"不要担心"四个字是我从外婆口中听到的最多的词。小时候她带我，她对我的父母说不要担心我。等我读完大学开始北漂之后，她又总对我说不要担心她。

有时候，不要担心确实是一种安慰。有时候，不要担心只是不想添麻烦。

我知道外婆不想给我添麻烦。

她喜欢每天打开电视，到处找有没有我负责制作的节目。

她从不主动给我打电话，但每次我一打电话，铃声不到一下她就能接起。

每次我给她打完电话，我妈就会打电话过来表扬我，说外婆特别开心，又不知道如何是好，只能给我妈打电话分享喜悦。

外婆的病情恢复神速，我便承诺之后每个月都一定会回湖南看她一次。因为这样的近距离接触，我才更了解外婆。一次回去的时候，我问照顾她的阿姨她在哪儿，阿姨说外婆在卫生间洗澡。我看卫生间是黑的，正在纳闷。阿姨说外婆洗澡的时候从来不开灯，怕浪费电。

我的火瞬间就蹭上来了，立刻在外面把卫生间的灯打开，然后用命令式的口吻对里面说："外婆，如果以后你洗澡再不开灯，我就不来看你了。"

里面沉默了大概一秒之后，立刻回答："好的，好的，我开就是了。"

后来，以及现在的我，已经学会了如何"威胁"她。

如果不穿我买的新衣服，我就不去看她了。

如果夏天不开空调，我就不去看她了。

如果再吃上一顿的剩菜剩饭，我就不去看她了。

其实，大概从她80岁开始，我又变回了那个心里满是心思，只能自说自话的小男孩了。

比如打电话时，我不敢说自己想她了，我怕她会更想我。

比如她每一年过年给我的压岁钱我都留着，不敢拆。

我怕拆了，她给我的最后一份压岁钱就没了。

外婆的身体挺好的，精神更好。过年的时候，有亲戚看了我的书，直说看不懂,然后说她也想写一本,然后发行,肯定卖得比我好。我还没来得及反击,外婆就跳了出来说:"写得好不好另说,我外孙最大的本事就是哪怕写得不好,也有那么多人愿意相信他。你出书,除了我们家的人会买几本,谁还会买?"听完之后,亲戚语塞心塞。我的胸口满满的全是外婆的爱,给外婆点个赞。

2014.3.10

十四年后的互相理解

有一种孤独是

如果自己忍受了委屈,便能让一切都好转起来,于是就选择了闭嘴。

没有人注意到你的改变,没有人走进过你的内心,外界越是平和,越是人声鼎沸,你心里的委屈越大、孤独越深。一开始埋下的孤独的种子,在一个人反复的自我问答中,长大成人。

当我鼓起勇气报考中文系时,我早已预料到父母的反对,只是没想到会那么激烈,激烈到我爸的眼神在我身上已经失去了焦点,我妈每天唉声叹气,仿佛我考上了大学并不是出路,唯有选择他们能看到我未来生活的专业——医学,才是我唯一的出路。

那时的我并不能理解他们,只一味地觉得凭什么你们要干涉我的生活?!为什么你们要干涉我的生活?!如果你们管我生、管我活、管我死的话,为什么还要把我生下来?!

现在回想起来,觉得自己的脾气被青春的糙面磨得光滑又锐利,以为所有事物的结果只有两面,所以执拗,不管不顾,对我爸说："如果你不让我读中文系，我们就断绝父子关系。"

断绝关系，这句话说起来是那么轻而易举。我没有做过父亲，不知道做父亲要经过怎样的磨砺，也记不清楚父亲对小时候的我投入过多少的凝视，我所有的怒气只缘于他想控制我的生活。

不吃饭，不说话，关在房间里不出来，这样的表现似乎在每一个即将20岁的年轻人身上都出现过。父亲如钢铁，决定了就绝对不妥协，哪怕后悔也不会表露。子女如磁石，将同性磁极对准目标，无论如何都不会再有交集。最后妥协的都是母亲，担心父亲气坏身体，担心子女憋出毛病，比如我妈，那段日子以泪洗面，最后只能瞒着我爸对我说："儿子，我问了很多人，其实学中文也没什么不好，你如果一定要学就学吧，努力就行了。"

我点点头。

那时我并不能理解我爸的心情。他从16岁开始，与医学结缘一生。而我从未对医学产生过兴趣，所以没有任何想了解的欲望。我的一句"我要学中文"将自己与我爸一辈子的理想一刀两断。

事已至此，我爸也只能选择接受。之后便是长期的零交流，大学放假回家，即使两个人坐在同一张沙发上，谁也不说话。不说话并不是不想说话，而是不知道该说什么。我想跟他汇报自己的学习情况，而他担心的却是我找不到工作。我想跟他发誓我一定会努力，但所有言语跟真正的未来相比都很无力，除了安慰他和自己，起不到任何作用。他不说话的原因，我大概也预料得到，当我当着全家人的面拒绝了他的建议，然后一意孤行选择了另一条路时，他那么多年的父亲形象被一个18岁的孩子在家人面前砸得粉碎。他一定觉得在我面前已然失去了威望，无论他再说什么，我都不会往心里去了吧。他不说话，也许只是不想再被我伤害吧。

大二，他看见我发表了自己的第一篇文章，写的是他。

大三，他知道我陆续发表文章，还在尝试写小说，厚厚的几百页信纸，全是干干净净的梦想。

大四，我考入湖南电视台，出版了第一本小说。因为节目主持人请假，制作人让我出镜播报新闻，家乡的父老乡亲突然能从电视上看到我的样子，他似乎松了一口气。

工作一年，我辞去工作，选择北漂。他什么都没说，我临走时，他在火车站塞给我一些钱。我鼻头酸酸的，但突然笑了起来，我问他："你这些钱是私房钱吧？钱都在妈妈那儿，你给我了，你就没钱打牌了啊。"他的表情变得很古怪，尴尬的爸爸一直都是那种古怪的表情。

再后来，我离家越来越远，每天只能电话联系，一年见面的机会也不过两三次。

刚到北京的时候，我不太适应干燥的气候，夜里睡觉鼻血会流得枕头上到处都是。我吓坏了，不管凌晨几点就给家里打电话，问爸爸怎么回事。他安慰我说："没事，没事，只是空气干燥，鼻腔的血管破裂，多喝水，多注意休息就好。"没过几天，就收到了爸爸给我寄的一箱熬好的真空包装的中药，还附了一张字条："一天一袋，加温。"

离开家，离开他之后，站在一个局外人的角度再看待学医这个问题，我觉得自己的抗拒确实过激了些。但好在，我是一个脸皮特别厚的人，读大学时只要同学们身体稍微有一些症状，我就会打电话问爸爸怎么解决,以至于班上的同学去医院之前都会来我这儿问问情况,而我无论是毕业了,还是工作了,无论是在长沙还是在北京,身体稍微不舒服,就会打电话给他。他总能第一时间给我一个明确的方向,然后告诉我去药店买什么药。很多人羡慕我有一个这样的爸爸,省去了很多去医院看门诊的时间,我也是很得意的样子,持续至今。

随着我年纪越来越大,18岁的我,25岁的我,30岁的我,和爸爸的关系似乎随着时间的推移渐渐软化。谁也没有再提过当初的决裂,一切就埋在心底,过去就过去了。

2013年,我和父母参加了一档名为《青春万岁》的节目录制,说到我选择专业那一段,我说着说着,突然发现爸爸半低着头什么都不说,似乎是在沉思。等我再仔细看时,发现爸爸眼睛里全是泪水。主持人徐平姐问原因,我爸低着头,什么也不说,眼泪一直流,那是32年以来,我第一次看到爸爸哭得那么伤心,爷爷走的时候,爸爸也未这样失态过。

徐平姐问:"是不是当时不能理解儿子的做法?"

爸爸点了点低着的头。

徐平姐问:"是不是觉得自己辛苦了一辈子的事业儿子不能继承,您觉得惋惜?"

爸爸仍旧点了点低着的头。

徐平姐继续问:"您是不是怕儿子选择了别的专业,未来的生活会过得很辛苦?"

爸爸豆大的泪珠滴落在他用力撑着膝盖的手背上,开始抽泣,像个低头认错的孩子。妈妈眼眶瞬间变得通红,她的左手紧紧握住爸爸的右手,深深地呼吸,像两根叠加才能漂浮的稻草,像两个一直相依为命的人。

我从来不知道这么多年以来,爸爸的心里一直压抑着莫大的委屈,这些委屈从未得到释放和体谅,也从未有人关心过他委屈的是什么,我甚至不关心他是否有委屈。

因为不愿意多一些理解,我在自己和爸爸之间深深地砌了一堵心墙。

妈妈说,因为我高三之前的成绩都不算好,性格也不突出,唯一能让我生活不那么辛苦的方式就是读一个医科院校,然后进父母工作的单位顶个职位。也许赚不了很多钱,见不了太多世面,但我能不为人际关系发愁,能不为找工作而四处低头。

因为我从未考出让他们安心的成绩,所以他们的安排全是因为担心,并非包办。

妈妈继续说:"他第一次从湖南台离职是因为工作压力太大,头发和眉毛不停地掉,他给他爸爸打完电话说完辞职的决定,他爸爸心里特别难受,一直觉得儿子受苦是因为自己没有本事。后来他去了北京,一开始每天夜里流鼻血,后来春节晚上赶节目还被人抢劫。这些我和他爸爸一直很担心,我们只有一个孩子,谁不希望自己的小孩能生活得好一些,我们不希望他在外面那么危险、那么辛苦。"

我想起18岁的自己站在客厅里,对我爸大吼:"如果你不让我读中文系,我们就断绝父子关系。"

再对比今天爸爸妈妈说的这些话，我看着他们，眼泪也止不住地流。懊恼，悔恨，想大嘴巴抽自己，想回到过去制止撂狠话的自己，想开口对父母道歉……但这些终究是一点儿意义都没有的。

一晃十四年过去，爸爸终于绷不住了，在我面前放肆地流泪。这十四年他去大学看过我，我工作后他去长沙看过我，也来北京看过我，但从未提起过心里的这个疙瘩。

我握住他的手，好想对他说："爸，我错了。"

但我握住他的手，侧低着头，说出来的话却是："爸，别哭了，我现在不是很好吗？"

父母和孩子对事物的看法千差万别，是因为骨子里都有一根折也折不断的钢筋立在那儿。

后来，我再去学校和大学生们交流，每当有同学不能理解父母对他们的教育时，我都会想起自己的故事。

你不好了，他们会失落，他们会用尽全力保护你。

你好了，他们也会失落，他们觉得自己的能力已经保护不了你了。

无论我们好不好，他们都会失落，我们从孩子变成了自己掌握命运的人，不再如当年一样任何事都会依附于他们。这种失落，也许只有到我们成为父母的那一天才会理解。

——写给我最爱的爸爸。

2013年春节，爸爸说过完年就要去新疆做援疆的医学志愿者。我一听极力反对，他从16岁开始便在药房抓药，一直工作到63岁才退休，我是希望他能好好地享受退休后的生活，不必那么紧张和辛苦。他说多年前他曾被单位外派过去支援，他答应过他们，一旦他退休就会回去帮忙。我看着妈妈，妈妈却说："你爸爸也闲不下来，让他去吧，趁还能动多帮助一些人。我也会没事就过去陪他的，你放心好了。"

我前脚回到北京工作，爸爸后脚就到了吐鲁番地区的县城医院。他换了手机号码，给我发信息："我这里天气很好，不用担心，你自己注意身体。"

我不知道是不是我不学医的原因，所以他一定要趁自己还能折腾的时候，尽量多折腾，也不枉他做了一辈子的医生吧。

我为有他这样的爸爸骄傲。就像多年前那么多人羡慕我有一个随时可以看病问诊的爸爸，我也要做一个让他骄傲而不担心的儿子才行。

2014.3.12

趁一切还来得及

扫码收听 本章歌单

董娘从武汉回来带回了很多东西。
在工体的岳麓，她说每次回北京，父母送她的时候他们都会哭。
父亲知道她要送东西给同事，
特意买了真空包装的特产帮她整理好放在箱子里。
父母甚至为了在超市给她买什么牌子的特产而争得面红耳赤。
她在MSN上说："辣酱的感觉怎么样？我爸爸专门出去买的。"
我想起我从家里回北京，带着爸爸帮我系上的纸箱子。
经过千里迢迢的路程，他们的脸也迅速变得模糊。
我站在北京的客厅里，竟然有不想拆开箱子的念头，
不想破坏爸爸帮我弄好的包装，
然后坐在沙发上，端详着，端详着，也会微微地叹口气。

昨天还坐在一起聊各自的生活,今天脸孔就迅速地变得模糊。
我突然想起秋微姐曾对我说:
"当你无法确定自己现阶段要做什么的时候,
那就对父母孝顺,
那是唯一无论何时何地都不会做错的一件事情。"
就在2014年5月13日,书稿付印前,
我把这段记录发给董娘。
她哭了,她说爸爸去年走了,
现在再也没有人为她做这种事了。
她说虽然有时候亲人的爱给人压力,
但没有压力的爱就像人在外太空,也没有氧气了。

曾以为永远也走不出的细节,
最终还是会置身事外。
虽说时间会解决所有的问题,
实质上它并没有解决问题,
它只是帮我们把一些问题变得不那么重要。
相信时间,
也要相信自己的自愈力。

20岁出头的时候,
拖着行李到一个大城市,
出了火车站就觉得自己被扔进了茫茫大海里,
随波逐流没有方向。
后来终于熬到可以自己买房的时候,
我在家乡买了位于27层的住宅。
不是因为喜欢高,
而是突然想浮上水面透口气。

年纪渐长,
便莫名偏爱这张相片。
也许回忆和影子一样,
会随着夕阳的变化越拉越长,
最后在伸手都无法触及的尽头,
彻底被黑暗吞噬。

有一片这样的海,一扇能如此推开的窗,
一身被晒得爽朗的肤色,
更重要的是,
有一个能陪我一起分享一切的人。
很多人,有了一切却没有了那个人。
很多人,有了那个人,却为了追求一片海,
最后丢掉了那个人。
海平线,是回忆的分岔口。

现世孤独

当对事情感到绝望时，
你可以放弃对他人的信任，
可以放弃外界对自己的评价，
可以放弃对结果的企盼，
唯独不能放弃的是内心的平静。
只有回归平静，甘于寂寞，
不怕枯燥，
才能重新听回自己的心跳声。
无论你未来身处混沌还是迷途，
保持自在安宁是破除任何困局的最大武器。

第四章

我们的人生

才刚刚开始 ……

看不清未来，就把握好现在

有一种孤独是

你鼓起勇气说出自己的想法，却遭到众人的嘲笑。一条只有自己笃定相信的路，只有你一个行色匆匆的路人，不用在意他们的看法，因为你会在未来的路口等着曾经嘲笑你的人。

在北野武的《坏孩子的天空》里，有一个片段一直忘不掉。

立交桥上，两个年轻人共骑一辆单车，向风中冲刺。来到空无一人的操场，学校正在上课，新志问小马："我们的人生就这样结束了吗？"小马盯着远方，花了几秒，看到了尽头，回答："我们的人生才刚刚开始。"

虽然生命很长，但一个人真正的人生却是从你想使劲的那一天开始的。不必担心错过了就没有机会，我们会有很多开始人生的机会，因为我们必然会一次比一次更清醒地顿悟。

从没有人搭理的高中时光，到无人熟知的大学校园，每个人都在生命的长河里畅游，各有各的姿势，各有各的道具。你看看自己倒霉蛋的长相，一副皮囊站在岸边显得寒碜，于是决定憋长长的一口气扎到水底一路向前。不想被人看到你仰头呼吸的狼狈模样,只想别人看到你从终点钻出来,想看到他们流露出的震惊表情。

这样的潜水,没有教程,没有方向,内心一次又一次喊着:"快不行了,要死了,要死了,要死了!!!"

就在死灰色与无意识的边界,你的手触到坚硬的那道终点墙,如重生般地仰头,大口呼吸,回望来路,还来不及骄傲,满眼就充盈了可怜自己的感触。

20岁出头的时候,我做梦都希望被人肯定,于是小说一本又一本地写,文章一篇又一篇地投。那些带着希望之光的努力,在宇宙的长河里,似乎连漂浮的痕迹都没有,便被黑洞吞噬。从外界得不到肯定,于是把所有的心情一字一字写在日记里,十年过去,两百万字的心情里承载着不为人知的隐秘。重新阅读过去,才发现那是青春。

30岁之前,鲜有人能了解——人生惨败并不意味着结束。于是年轻的时候,你一次又一次与否定你的人、否定你的事实去对抗。你忘记了你本来的弱点,你只记得有人怀疑你的目光。你忘记了你还有别的出路,却水泥般地站在不属于自己的路上与来者对抗。

直到某一天,你突然醒悟"原来自己怎样努力也不行,原来这本就不属于自己"时,你突然觉得有了一种前所未有的解脱。一直辛苦在对抗的并不是别人,而是倔强的自己。

认输,是为了节省生命的时间,也是为了让我们把目光从不值得的地方转移到值得停留的那些景象里。

哦，人生惨败并不意味着结束啊！它只是一个倒霉的开始，又或者是上坡之前必经的低谷。对于十七八岁少年的你，二十五六岁青年的你，抑或是 30 岁出头中青年的你，你在你的每个年纪不是都曾遇见过，那些沉重得几乎令你抬不起头的困扰吗？奇妙的是，你后来发现，只要那时你没有放弃，便没有人敢像裁判一样掏出红牌罚你下场，全场都会等你跑完全程，最后一个冲过终点也不难看，观众反而会因为这种"不要脸"的坚韧而起立鼓掌——只要不中途放弃，就值得获取掌声。

20 来岁的我们看不清未来的时候，常会觉得自己在稀薄湿冷的空气中难以呼吸。找不到新鲜的氧气，又没有可取暖的伴侣，一片混沌，不知道该往哪里去。有人停步不前，懒得前行。还有人唯一能选择的就是告诉自己再忍一时、再进一尺，把眼前的空气吸得一干二净，憋成猪肝脸死了也值。

21 岁大学毕业，你进入电视台工作。那时同期应聘进栏目组的大学生有近 10 位，工种类似，但工作了一段时间之后，你发现只有你和另一位男同事每天工作时间近 15 个小时，而其他人 6 个小时都不到。你当时第一反应就是"不公平"，觉得自己是个傻缺。你以为自己是雅典娜女神，时时刻刻都需要帮别人和自己去维护和平与正义，可看清现实之后，你才发现自己连美少女战士都不是。你觉得"社会不公平"——同样是大学生，为什么你们就一直加班、拍摄、编辑、写策划，而其他人却那么清闲。后来你对和你一样辛苦的男同事抱怨，企图在寒冷之中获得一些温暖的共鸣："他们把我俩当猪吗？为什么吃苦的都是我们，大家拿的工资还一样多？"

男同事看了你一眼,说:"他们才是猪。你想想,工作就只有那么多,拿一天 50 个小时的工作量来算,咱俩就做了 30 个小时,剩下那么多人只做 20 个小时的工作,每个人才三四个小时。假使工作是升级打怪积累经验的话,我们俩比他们先获得更多的经验值不说,当我们犯了 100 个行业错误的时候,他们或许才犯了不到 10 个。年纪越大,犯错误被原谅的可能性就越低,我们是抢了人家的机会,我们怎么可能会是二百五呢?"

从那一刻起,你就像被打通了任督二脉一样,你告诉自己:大多数人不会在同一个地方工作一辈子,大多数人也不会在同一个岗位做一辈子,我们所有的累积都是为了给人生最后的那个位置打一个稳定的根基,所以每个获取经验的机会都显得尤为重要。如果所有人工作时间都一样,工作质量拼的就是纯粹的智商和情商,你看了看自己在镜子中的样子——完全没有任何一点儿男一号的气质啊,不在后天努力,就只能成为这出人生剧中的路人甲、乙、丙、丁了。

一个人未来能去哪儿,不是靠想象,而是靠今天你都干了什么、干得怎样。

大学里,你就读于中文系,正因为不知道未来能去哪儿,所以只能强迫自己每天埋头写一些东西。写得不好就当练字,写得不错就当写给同学看的消遣读物,如果被夸奖了,就找各种各样的报纸杂志投稿。

一开始投稿次次落空,心里几乎快要放弃了。宿舍的同学每每都看见你寄信,却从未见到过你发表,付出没有得到回报你能接受,但你不能接受的是付出没有得到回报然后被同学们嘲笑。

就像小学的时候，你想学普通话，刚跟同学们说一两句，就会被同学用方言嘲笑回来。初中也是，高中也是，导致你的普通话至今蹩脚。学习普通话的愿望一直落空，落空不是你当时没有能力，而是你当时怕被同学嘲笑。

人就是很贱的一种生物。当你能承认自己不好、自己失败的时候，你就不再害怕外界的评价了。于是失败这件事自然而然就成为你生命中的一种常态，不再满怀希望，失望也就随之越来越少。

这样的好处在于，一旦发表了一篇文章，就有了一种撞大运的心情。这种心情比"终于得到了一些回报"更有幸福感。

就像你习惯了投稿失败一样，你后来也对发表文章麻木了。直到大四毕业的时候，大家都要写求职简历了，你才把所有发表过的文章找出来，大大小小居然有一百多篇，而很多同学大学四年一篇文章都没有发表过。

不能说你后来的面试成功与这有关，但从现在的角度看来，起码那些文章代表了你曾为此付出了很多时间、很多努力，也得到了一些结果——这多多少少证明了你是一个能吃苦，且能脚踏实地熬上几年的人。

高木直子说："我无法预见自己的生活将会发生怎样的变化，但我会继续珍惜每一份小小的惊喜与感动，努力活出一个真实的我。"是啊，如果为了一个未知的明天而放弃已知的今天，丢失的不仅是当下的快乐，还有一个真实的自我啊！

后来，你进入传媒行业，一晃就过了十年。传媒业每天飞速发展，你负责光线传媒的电视业务。当时各种媒体鼓吹电视已死，作为电视人，你焦虑得很——你不知道自己的未来在何方，是转行做电影，还是自己创业？外人看你胸有成竹的样子，只有你自己心里清楚那是乱得一塌糊涂。

后来电视行业中出现了《中国好声音》《爸爸去哪儿》《最强大脑》等一系列引发数亿人热议的节目，电视未死！扬眉吐气的同时，你作为电视人，不得不更加焦虑——你不知道自己的撒手锏在哪里。每天预测行业发展，寻找模式节目，你在日新月异的日子里忙得鸡飞狗跳，忙了一大圈，各种新的合作方式也不见得可行，几十个模式节目也在自我的推断中光荣牺牲，然后你才回过神来：如果做节目的基本手工活丧失，再高级的项目也拯救不了你。至今，你心里仍不明白自己应该走向哪里，但你早已清楚，只要走好当下的每一步，就一定能到达未来你想到达的那个地方。

这些年，你用文字将过往一一细数，如切如磋、如琢如磨，用针脚做备注，拿心事以起承。发现曾经不确定的事情，如今终于有了一个好结果。曾经一直回避的事情，如今也能直面接纳了。

给自己一些时间，一切终会有答案。

既然看不清未来，何不把握好现在。攥在手中的，始终会跟着你跑不掉；放飞于空中的，一不留神，便不知飘向何方。曾经迷茫，如今释怀开阔；当下迷茫，却对未来笃定希望。

这其中，便是时间和物是人非的成长。

以这十几年的心事做分享，你我共勉。一切都在我们的掌握之中，无须羡慕，不需鸡血，耐得住寂寞，经得起推敲，我们自会拥有最有安全感的人生。

生活是为什么,你是答案

有一种孤独是

对现实的结果无能为力,对重复的失败无法自拔,于是尝试一次又一次去追问为什么。凡事没有答案的日子都是孤独的,但有了这样静寂的孤独,才有可能找到答案。

有些日子,只记得事,因事想人。有些日子,却记得人,因人而记事。

比如在记人的那些日子里,我记得你说"我不"时的决绝,记得你说"好吧"时的妥协,记得你说"可以"时的踌躇,记得你说"再见"时的不舍,一层一层,像大学校园里清洁工人来不及打扫的落叶,踩上去有厚实的质感,却也像是迷宫,层层都是我们对未来的迷惘。

好像每个跳跃的日子里,都有一个"为什么我要这样"的问题如鲠在喉。

为什么我要加班呢?

为什么领导讨厌我呢?

为什么我要读这所大学呢?
为什么我要住这间宿舍呢?
为什么我控制不了现在的生活呢?
为什么我不能让某些人喜欢我呢?
为什么每一个人过得都比我快乐呢?
为什么我要对不喜欢的人强颜欢笑呢?
为什么呢?

不是每个人都能在那样的日子里找到答案,生有时是为了答案而活,活有时却是为了某个理由而生。但好在,只要你沉下来,能被人看到,自然就会有人告诉你答案。

刚进电视台参加工作的我,什么事都很积极,抱着怕被开除的心态,别的记者每天做一条娱乐新闻,我会努力做三条。每天工作十几个小时,偶尔向同事抱怨,直到他那个"打怪升级"理论彻底给我洗脑。

至今,只要有任何觉得自己做得太多而别人干得太少的时候,想想他曾告诉我的话,心里就舒服多了。成长过程中会出现很多不如意,归根结底都是因为和别人相比。不看别人,只看自己是否有获得,那么幸福感每天都是满满的。

从中文系毕业,不懂新闻,做出来的东西只有一个原则——自己感不感兴趣。

大多数孩子都觉得自己很特别,其实在外人看来他们都一样。而从事传媒的孩子却恰恰相反,每个人都想做出令全行业人士为之膜拜的作品,一个比一个自我,却打心底里认为自己能代表所有的观众，比如我。

那时我做出来的自以为特有水准的新闻，除了几位相同年纪的同事表示理解，其实很多前辈都不明白我的理念是什么。制片人小曦哥说："你做出来的东西只有你自己理解，但理解和懂不是一个概念，等到你真正懂的时候，你就能做出好的娱乐新闻了。"

我就在这条"自己理解"和"真正懂"的路上跌跌撞撞前行着，有时候也会想自己是不是真的适合做这一行。

有一天，我从外面拍摄回来，办公室里只有台领导和小曦哥两个人。我很清楚地听到台领导说："刘同根本就做不好电视，干脆让他走人吧。"我顿时就傻了，热血上头，嗡的一下就炸了。原来这种自我的做派，早就让领导看不下去了，我到处跟人去解释，别人觉得不懂就是做得不好，干吗要去解释呢？而自己也蠢到家了，自信心爆棚，觉得每个人都能忍受自己，直到对方亮出刀之后，才发现自己的玩笑开大了。

我站在办公室门外，不敢踏进去，也许进去就真正要离开这个行业了。过了好久，我站在那儿没动。里面的谈话也静止了，突然我听见小曦哥说："我觉得刘同挺好的，他能够一个人坐在家里熬一个月写15万字的小说，一天十几个小时一动不动。他能坚持，也有想法，他肯定会明白的。"他甚至都没有在最后加上一句：请再给他三个月时间的期限。好像在他的眼里，我能成为一名合格的娱乐记者，是天经地义的事情。

刚参加工作的我，面对全新的人群，不知道自己有何不可替代的本事，过得颤颤巍巍，于是总想着整些幺蛾子的创意去突出自己。小曦哥这么一说，我突然意识到了自己真正的优点——坚持,不妥协,可以为了一件事情死扛到底。发挥真正的优点,比另辟蹊径更为重要。

后来我成为北漂族,融入一个更为复杂的社会。工资和自己播出的新闻数量挂钩。我刚从湖南台过来,做娱乐新闻有一个习惯,就是在画面上加各种效果的字幕,于是某天晚上我把娱乐新闻编辑好,把包装提纲也写好后放在一起,等着第二天一早审片。

到了第二天审片时,我发现并没有我的新闻,去询问时,后期编辑拿着我的包装提纲对责编说:"这个人是不是新来的?懂不懂规矩?三分钟新闻十几个特效字幕,他当这是做综艺节目呢?以后他的新闻我全都不包,爱找谁找谁!"

我特别想不明白一个问题,为什么每次有人在别人面前批评我时,我总是恰好在场……

"这个人是不是新来的?""懂不懂规矩?""以后他的新闻我全都不包,爱找谁找谁!"每句话都让我难过。

一名新的北漂,因为不知道怎么融入环境,也不清楚未来在哪里,迎头就被质问是不是新来的,是不是不懂规矩,然后因为新来的和不懂规矩把自己的前程给毁了,找不到后期编辑帮我包装。更重要的是,自己白天努力做的新闻根本不能被播出,也就没有工作量,连活都活不下去。

我尝试让自己挤出笑脸对后期编辑说:"对不起,是我不懂规矩,我以后不会了。"也许他会对我挥挥手说下不为例,可我鼓起勇气看着他的时候,他连正眼都不想看我。

人可以因为委屈而作践自己,但不能为了生存而放弃原则——我在心里闪过这个念头之后,转身走出后期机房,也没做什么轰轰烈烈的事，而是回到工位上沉默，想着自己如何考上中文系，如何努力进了湖南台，如何与父母告别来到北京，想着想着，就觉得自己好惨，惨就哭吧，哭了确实会觉得舒服一点儿。

当时节目部的总监卓玛站在我旁边看我哭了半分钟之后，说："好了，哭好了是吧，跟我进去。"

我跟在她的后面进了后期机房，机房里除了后期编辑还多了一位后期主管。卓玛问清楚了整件事的来龙去脉，然后把一本小说放在了桌子上，对后期人员说："以后刘同的包装提纲必须给我完成，哪怕他当天晚上给你一本小说，第二天你也要给我包完，要不你就别干了。"

我站在她的身后看不清她的表情，不知道是微笑着说的，还是严肃着说的，其实那对我来说已经不重要了，我只知道我在北京最无助的时刻，卓玛站了出来，用她能想到的最好的方式给我答案，让我知道自己无须为工作而妥协。也让我意识到，对于一个北漂的新人，最重要的不是简单的安慰或者鼓励，而是在他们极度缺乏安全感的时候和他们站在一起。站在一起，比说什么、做什么都来得重要。

时间往前回放几年。第一年、第二年、第三年，泾渭分明的青春，像鸡尾酒，被一路上记得住又记不住的调酒师把弄在手中，晃动晃动，透过玻璃，最终能看得到清晰的走向。

21岁，我参加电视台的面试。主考官问我平时看不看电视。我说不看。他说为什么不看。我说学校根本没有电视。他说总得看过一两个节目吧。我说那倒是。他问比如。我说比如《新闻联播》。他问《新闻联播》的优点是什么。我说我看得不多，如果非得说《新闻联播》优点的话，那就是播出很准时，每天都是 7 点播出，很多人拿它来对时。后来我就面试成功了。可惜这位老师我再未见到过，想感谢他也没有机会。后来随着时间的推移，我也渐渐忘记了他的长相和名字，只记得他用录取的方式告知我：你有一副有趣的脑子，请珍惜。我一直记得这件事情，他让我保持着自己的思维方式一直到今天。

一些人对我们做了一些事，有人只当是日常生活中的无心之举，有人却能读出一个轮回的历史。一些温暖，能让你身上发光发热，传给他人。一些伤害，也能让你亮出胳膊，提醒自己何谓底线。

那时年纪小，不知道如何表达心中的感激，只能用记日记的方式留存，等到多年之后的某一天，装作淡定地说："你知道吗？那时你对我真好。"说者有心，听者却早已忘记。也许对方根本没有觉得那是一件多么值得歌颂的事，也许那对于他们来说只道是平常，也许你并没有及时答谢，以至于在后来的日子里，他们只这么对过你一人。

我们常问为什么，沉下来看一切，我们就是答案。

如果一辈子只能重复某一天

有一种孤独是

极力挣脱随波逐流的自己，尝试做一些不合群的举动，一开始总会被人误解。经过这样的孤独，才有真正与别人不一样的底气。

"如果一辈子永远重复某一天，你愿意吗？"那时我还在读高一，来实习的男老师也不过是 20 岁出头，第一堂课问了我们这个问题。

"如果这一天，可以让我自己选择，我愿意。"他看着我，微笑着鼓励我继续说下去。

"我会选择世界上最幸福的一天，永远过下去，这样一辈子该有多好啊！"

全班都笑了，老师也笑了。老师招招手示意我坐下，接着对我说："某一天，你再问自己一次这个问题，如果答案有所改变的话，就证明你开始不再为了生活而生活，而是为了自己而生活。"

这个场景连带着这个问题，一起埋在了我 16 岁的日子里。

后来我考上了大学,参加了工作,开始了梦想的传媒生活。工作之前,每次在电视里看到有趣的节目、有观点的新闻、胸有成竹的主持人,我就会默默地问自己:什么时候才能和他们成为朋友啊?好希望以后能够从事那样的行业。后来终于如愿以偿进入了传媒行业,才发现好看的新闻似乎永远不是自己能够做出来的。

没有知名的采访对象,也没有劲爆的独家新闻,每天主编只是告诉我第二天有怎样的娱乐新闻发布会,有哪些人参加,我要做几分钟新闻。

于是提前一天约司机、摄像,第二天一早借磁带,上午赶到发布会现场,在主办方那儿签到,领200块钱的车马费,然后在观众席上坐两个小时,等着媒体的群访时间,每家记者问一两个问题后,散场。拿着主办方给的新闻通稿,花一个小时编辑一条新闻,播出。就这样,一天娱乐记者的工作结束。

刚开始还会积极争取第一个提问,后来一想,反正其他家媒体记者也会提问,被访者也会回答,我就直接用他们的采访算了。

刚开始还会交代摄像一定要拍摄什么镜头,后来约不到摄像也没关系,反正其他媒体的记者都会在,大不了就直接去问他们拷一份现场的素材。

后来,连待都懒得待,签了到,领了车马费就走人。反正一条主办方希望的娱乐新闻,无非就是拿着他们的通稿,加上雷同的画面,直接播出就行。就像很多公关公司的同人说的那样:"任何节目、任何记者对我们来说没什么大的区别,都是宣传工具罢了,唯一的不同可能是各个媒体的强势弱势罢了。"

当我听到这样的评价时,愣了好一会儿。我想起高中那几年为电视做的几场白日梦,想起大学那几年为进入娱乐传媒所做的努力,先去电台实习,再去报社实习,最后再去电视台实习。一切的努力都是希望自己有一个不一样的工作,但没有想到,那么多年的努力最后却被各种各样大同小异的发布会改造成"宣传工具罢了"六个字。

我把这样的疑惑告诉了当时的节目制片人小溪哥。他问:"你的昨天与今天有区别吗?你觉得你的今天和明天会有区别吗?"

我仔细想了想,摇摇头。

他继续问我:"如果你未来想在这个行业中出头的话,你觉得要具备什么条件?"

"待的时间比别人更长?资历比其他人更老?"当我说出这样的答案时,浑身不寒而栗。不知从什么时候开始,我已经把人生翻盘的决定权完完全全交给了时间。

小溪哥看着我,笑了笑:"如果你自己每天都没有进步,只是在等待被人垂青或机遇的话,十年后的你与今天也没有区别。你们唯一的区别,就是你老了10岁,与思考诀别的日子更长了一些而已。"

我突然想起高中的实习老师问我的那个问题——"如果一辈子永远重复某一天,你愿意吗?"那时我的回答是愿意,因为我愿意永远重复某一天的幸福。而现在我却疑惑了,无论快乐还是难过,都不是简单的形状,都有别样的状态,如若沉溺于某一刻,无论是重复每一天的枯燥,还是重复每一天的幸福,对于人生而言,人的一辈子也仅仅只活了一天啊!

后来，我几乎再也不去这样的发布会了，而是自己报选题给制片人，做全省各个节目的幕后花絮。我开始去找各种关系邀约来湖南做宣传的艺人，哪怕是所有媒体都到场的娱乐事件，我也希望自己能做出不一样的新闻来。因为这种不一样，让我受到过表扬，也受到过批评，甚至因为这种不一样，节目差一点儿误播，但现在回想起来，和刚参加工作那几年比真的变得不太一样了。采访不到省级选秀的冠军，我就去还原他的生活环境；无法破解世界级魔术师的实景大魔术，我就通过慢镜头的方式破解他发布会上表演的小魔术，直至今日。

有人对我说："刘同，你太不安于现状了，太好动了，不然你早就变得不一样了。"我不置可否，但每个人的人生只能自己负责，别人的意见顶多只是参考而已。如果一个人一辈子只能重复同样的一天，那该是世界上最寂寞的事情吧。

柔软是一种力量

有一种孤独是

想笑却不能笑,想哭却不能哭,总有一个声音在耳边提醒着你:要克制,要坚强,要让他们觉得你不一样。你做到了,旁人投来艳羡和赞许的目光,你微微笑,微微发颤,微微地有一种只有自己知道的孤独感。

32岁过了几个月,照例开每周一集团领导会参加的例会。

每周例会都会审一档公司的节目,那天刚好轮到审《中国娱乐报道》。《中国娱乐报道》是中国寿命最长的娱乐资讯节目,很多同事包括我都是看着它长大的。从2011年开始,国外模式节目风行中国电视业,资讯节目就像白米饭一样,不咸不淡,让观众根本提不起兴趣。看着同类型的兄弟节目一个又一个被叫停,我们还能在这样的市场上扛多久,不得而知,但有一点我们是清楚的,无论寿命还有多长,我们一定不能让它死得难看。

对照了很多国家的娱乐资讯节目之后,我们决定对节目进行一点儿改变——所有外采的记者必须提问,如果是发布会,我们的记者必须第一个提问,而且所有的提问不是问完就结束了,而是要根据被访者的回答多来几个回合。真相都是越问越明,随意一句就能搪塞的不叫采访,只能称为提了一个问。

在这个行业中,我们看过太多雷同的娱乐新闻,提问者问得凌乱,被访者答得官方。而我们要做到的是,把问题问得中立,不伤害艺人,但又让观众能通过我们了解到事情的真相。这是《中国娱乐报道》需要呈现的状态。

在这样的要求之下,有记者采访小S代言时问:"请问你每一次代言都了解过产品吗?"小S回答:"我当然都会有了解。"记者再问:"如果产品出现了质量问题,你会对此负责吗?"说话一向泼辣直接的小S突然变得有点儿语塞。过了大半年的时间,小S代言的自己丈夫投资的胖达人面包,宣称纯天然的产品里被查出含有人工香精。现在再回头看之前的采访,你会发现每一个问题都有追问的必要。

韩庚要参演《变形金刚》的续集,所有人都在揣测韩庚的英文水平怎么样。记者问:"韩庚,你现在的英文水平怎么样?"韩庚回答:"在练习,现在练得还行,到时要跟导演和编剧对一对。"记者接着用英文问:"能不能随便和我们分享几句里面的经典台词?"韩庚笑着对记者说:"你是要考我英文吗?你再说一遍我听下。"记者重复了一遍:"Can you share some of the lines from the movie with us?"韩庚想了想,笑着对记者说:"你就放过我吧。"

这条新闻我很喜欢,我喜欢记者之前的准备,也喜欢韩庚的回答。有时候我们过于追求的答案其实并不如想象中精彩,反而有趣的提问、得体的态度,哪怕记者没有得到他想要的回答,也会让整个新闻变得更有意思。

所以老板在提出审《中国娱乐报道》的时候,我是充满信心的。半个小时的节目很快过去,老板的脸色变得很难看。看完之后,他说了一句:"再这么做下去,节目就可以直接停了。"我有点儿不知好歹地接了一句:"我觉得还行啊。"

我说的"还行"是指新闻中记者们的表现,而他认为的"很差"只是节目的包装以及主持人的表达方式。

老板突然就爆发了,用力拍着桌子对我说:"放屁!你睁着眼说什么瞎话,这能叫还行吗?老派的主持,难看的包装,连背景音乐都没有,什么叫还行?"

32岁的我,在全公司各个部门领导的众目睽睽之下,被老板骂了一句"放屁"。当时我的心噔地就提了起来,换作更年轻的时候,我应该会泪奔着跑出会场吧。

我不紧不慢,尽可能用平缓的声音回答:"我说的'还行'是指记者们的表现,而不是节目的包装。我说的是节目的内容,只要把节目的内容改对了,其他的都好改。"

来来回回和大老板交涉了几个回合,竭尽全力想让他明白我的意思。

这时二老板说:"我能理解记者们的努力,在所有资讯节目雷同的时期,人的不同才是最大的不同。把人培养起来,就不愁节目改变不了。唯一需要注意的是,后期包装一定要紧跟节目内容,不然观众同样会认为节目一塌糊涂。"

我看着她，点点头，深深地在心里吐了一口气。我一点儿都不害怕与大老板争吵，在坚持自己认为对的事情这方面，我具备天然的胆量。可被二老板这么一说，我的脑子里嗡的一下积满了水。趁所有人讨论别的话题时，我立刻低下了头，眼泪唰地就像断了线的珠子一样往下掉，止也止不住。一边流泪，一边脑子清醒地问自己——为什么会哭？

也许，面对严寒，我们早已能够集气成冰，化冰为剑，胜利之后，蒸发得利落又无踪迹。可面对理解时，这些利器全化为水，流淌全身，需要排解。

2013年年初的时候，我还负责了一档求真类节目的制作。节目内容一句话便能说清——某某网络传言到底是不是真的。在中国，求真是一件困难的事情。要么是当事人不配合，要么是检测机关不配合，所以有的时候为了得到准确的答案，我们的记者不得不采取偷拍的方式。

大染是记者组的同事，之前她是一档娱乐节目的主编，大概是因为娱乐节目无法满足她内心真正的新闻梦，又或许是躺在抽屉底下的记者证从未派上过用场，大染就跟领导提出要进求真类节目做一名普通的记者。

做娱乐节目时，她给我的印象极其深刻。无论遇到多大的麻烦，只要你问她发生什么事了，她的第一反应都是："没事，没事，我们可以解决。"大染害怕领导对自己的节目插手太多，不知道是怕麻烦领导，还是怕领导发现更多的问题，但既然能够解决问题，大染似乎是一个挺有能力的主编。

调到这个求真类节目之后，大染几乎就没在节目组待过完整的一天，每天都带着摄像师出去拍摄，不到两个月的时间便做了几个轰动的案例，比如免费旅行的陷阱，比如高血压治疗仪的骗局。

就在一切似乎越来越顺手的时候，突然有一天，一位同事慌张地跑进办公室说："糟糕，大染偷拍伪劣化妆品分销商，好像被对方发现了，她在电话那头大叫了一声，电话就再也没人接了。"

因为担心对方会对大染和摄像师做出过激的行为，于是有同事从她的电脑里调出采访计划，有同事从她最后发回来的地图定位找到具体的地址。由于大染调查的是某个品牌，而她留下的地址是一个非常大的化妆品批发市场的地址，要在几万平方米的大市场里找到一家小门店，绝非易事。

所有同事，包括公司领导动用了各种关系进行营救。后来当警察找到制假地点的时候，大染带去的摄像师已在争抢录像磁带的时候被制假商贩叫来的人打伤，而大染则像刘胡兰一样用临危不惧的气魄一直在对抗制假商贩。对方问："你们是哪里的？"大染怕给组里添麻烦，死都不说，反问道："如果你们没做亏心事，何必在乎我们是哪来的？"

从下午3点一直折腾到大半夜，被抢的手机也拿回来了。

后来我才知道，大染一直特坚强，对方叫了很多人，抢机器，抢手机，不停地威胁大染，她始终保持淡定。后来做笔录，她指认打人者时也很淡定。直到当地公安局局长赶来，对她说："是节目组让我来接你们的。"她转身便流出了眼泪，她说那时才真正感觉到什么叫胸口插进了一把温柔的匕首。

这些年，见惯了彼此伤害，也曾经被亲近的人抓住七寸反击，总以为受的伤够多了，就不会再跌倒了。现实却是为了每一次的投入而付出了更隐秘的自己，于是又换来一批更新的伤口。

　　一个人的坚强不是看他外壳有多硬，而是看他的伤疤有多深。最终，我们把自己磨砺得不害怕任何伤害，却开始害怕一种创可贴式的关怀。

　　有时，柔软或许比强大更具力量吧。

对得起自己的名字

有一种孤独是

读书的时候,最怕老师点到自己的名字,但比被点到名字更为在意的是,老师念错自己的名字。被念错名字的时候,大家哧哧地笑,那一刻感觉很寂寥。

办公区坐了很多 90 后的新同事,每天眉头紧锁,思绪万千。你偶尔喊一声他们的名字,他们反应时间不会超过 0.01 秒,并且伴着朝气蓬勃的洪亮声线大声回应:"到!怎么了?"

一两次还好,但当每一次都能吓到我的时候,我终于忍不住问:"你们是知道我要叫你们吗?我喊你们还没结束呢,你们就回答我了,要么就是你们有预知能力,要么就是你们工作太不认真了。"

小同事们红着脸尴尬地说自己今后一定会注意,转眼第二天,仍是这样。我只能叹口气哀求他们:"你们能不能放松一点儿啊,搞得我也很紧张呢。"

2013 年最后一天,同事们在一家位于二层阁楼的小餐馆聚餐。菜没吃多少，酒早已十几杯下肚。手机收到几条新同事的短信，有人说："同哥，谢谢你，最近的工作让我觉得很有成就感。你总说我有时兴奋过头，精神不集中，其实我是怕没能够及时回应你的需求，让你失望，所以才一直观察你在做什么。"

喝了点儿酒的我坐在座位上，看着手机里的短信，又抬头看着眼前热热闹闹的敬酒场面，突然就想到了2003年，刚毕业的自己，好像对于别人的肯定也是如此在意的吧。

2003年，我刚毕业那会儿，精神高度紧张，感觉自己进入社会的那一刻，整个人便变得毫无重量感，陌生人给我投来一秒的目光都能让自己镇定。

在办公室里，虽然手里做着自己的事，心里也像新同事一样惦记着所有人的情绪，一旦有人喊到我的名字，就会像弹簧一样站起来，大声说："到！我在这里，需要我做什么吗？"

他们说我像打了鸡血，每天都像跳大神一样兴高采烈。听起来，有点儿像个神经病。那时我和小同事一样，希望有人在需要我的时候，我不会让他们等太久的时间，也不希望他们把我的名字当成一个语气助词只是随便说说而已。

小学还是初中的时候，我很爱看一部叫《希瑞》的少女动画片。每次有人大喊一声"希瑞"的时候，她就会举起一把剑，立刻变身成女神的样子，就没有她搞不定的事。无论动画片的情节有多曲折困苦，只要一喊希瑞的名字，就意味着本集要圆满地结束了。

少年时的我，觉得名字就是咒语，念到时就必须显得不太一样。只是可惜成绩一贯不好，每次被老师喊到名字，我多数时候都是低着头,像犯了罪似的,不敢让人看到自己的脸。工作之后,我听到名字便迎风而上,终于克服了多年的心理障碍。

对自己的名字保持高度的警惕,似乎并不是容易的事情。

刚玩QQ的时候,取的名字都是"蓝天Sky""白云Rain""海豚恋人""梧桐叶"什么的,把自己投射到一个想象中的形象里,在网络上扮演另外一个人。初识的网友说:"你怎么回事,怎么完全搞不明白你?"一旦别人这样评价,我就贱兮兮地觉得自己真棒,让人摸不透!好像让人摸不透是一个人最大的成功,但幼稚的我忽略了一个最大的问题:一个人连朋友都没有几个,还整天演戏让人摸不透,演给谁看呢?

了解到这一点之后,我开始让自己变得更像自己,不需要扮演另一个人,尽可能让有交集的人尽早地了解自己。被人更多地理解,才是减少内耗的方式——除非你想一辈子都躲在自己的世界里。

后来陆续有了很多的社交工具,我开始放弃用网名的想法,直接注册了自己的名字。每当看到有人还在注册"威尼斯的阳光""一生一世等待你""金戈铁马"之类的用户名时,我就会用刻薄的语言打击他们:"你连自己的名字都不敢使用,请问你是干了多少见不得人的事情,还是你打算要干多少见不得人的事情?"

曾和一位前辈聊到招聘新同事的个人标准,不约而同地说到了社交工具账号,如果应聘者不用自己的名字注册,好感度便少了30%——说明这个人还没有建立社会个人标签的意识。如果前十条微博大都是转发内容,而没有个人原创见解,好感度继续降低——说明这个人没有自己的价值观。如果这个人的微博大多数都停留在吃喝玩乐的层面，好感度基本消耗完毕——一个没有自己钻研方向的人，工作起来也应该是没有情趣的吧。

我似乎能理解，那些可爱的新同事听到自己的名字时，为什么一个比一个激动了。每个人都从沼泽而来，越过坎坷之地，只是走着走着就忘记了很多困难、很多事，忘记了一些不想随身携带的痛苦，只记得一些令人愉悦的回忆。我忘记了自己也曾经那么在意别人的期望，忘记了当时自己全神贯注的紧张感。

我试着把手机悄悄举过头顶，在熙熙攘攘的相互敬酒中，好几位新同事立刻扭过喝得通红的脸，远远看着我。他们的眼神在问："怎么了？"我笑了笑，用眼神回答他们："我只是测试一下，你们是不是真的那么在意别人的需求。"

我把手机放下来，换成一整杯啤酒，与小孩们隔空干杯。我想，多年后的他们一定会坐在自己的位子上，如我一般想起过去的自己，然后为自己干上一整杯吧。

一个对自己名字敏感的人，多少都是一个在意自己的人。我曾经担心他们会因为过分关注他人对自己的看法而迷失，现在发现多虑了。那些打了鸡血的90后同事经过那一段之后，渐渐地明白自己要做什么、如何与人沟通，对工作比其他人更加负责。名字对于他们而言，就是自己的商标和品牌，做不到如雷贯耳，也要赫赫有名吧。

2014.3.21

把时间浪费在最重要的事情上

有一种孤独是

当所有人都在埋头解答一道公式时,你已经有了答案。第一次兴奋,第二次享受,第三次习惯了。之后,开始孤独。

我买了一本杂志,一直没有时间看。当终于把所有的事情处理完,我想起还有一本杂志未看时,便满心欢喜地躺在床上看了起来。

对于杂志,我是很有感情的。读大学时,很少去书店买小说,反而经过报刊亭时常常会用生活费里省出的几十块来买杂志。这个习惯一直保持到工作之后。唯一的不同是,大学里买的杂志每一页都会仔细阅读,而工作之后买的杂志基本上只阅读过封面。

很多杂志的标题都耸动又迷人,《上班族永远不会知道的十个真理》《为什么我们会变成自己讨厌的那种人》《21世纪最有竞争力的人格》《如何成为老板的心腹》《小清新的人格,重口味的人生》《为什么你永远都不可能成为有钱人》……于是一本又一本搬回家,每天都告诉自己:第二天就看。然后一个月飞快地过去,这些标题深深地刻在脑海里，催眠自己已经完全明白其中的道理，又搬回一堆《管理团队的自我测评》《你适合创业吗》《不完美的人生也能有完美的事业》《有对手才有成就感》……继续催眠。

一本杂志的月度主题，就像阅读者的一处死穴。我总认为买了这些杂志，死穴就会随之不见，于是就一直买，但从来不看。每次要搬家的时候就很头疼，不知道那些从未翻阅过的杂志应该如何处置，只能把那几篇主题文章撕下来存好，然后过几年搬家时再扔掉……这个习惯保留至今。

满心欢喜翻开的杂志是一本风评不错的泛财经杂志，大致就是让我们这些完全不懂理财的人开始懂得如何节约时间、提高效率、珍惜金钱。这种理念如多年前那些买了未看的杂志那样，一刀就刺进我的心。

看了目录，一篇文章名为《如何在机场打发无聊的时光》。这个标题直截双目，要知道每次到了机场，要么早到，要么延误，人生就如同打点滴，永远处于急救期。

作者是某个公司的高管，我直觉认为——看完此篇文章，必将解决我人生最大的困惑之一。

作者先写在机场不能干的事情有哪些，比如不能太期待机场的美食等；之后作者写在机场只能干哪些事，比如逛书店、用iPad看视频、玩手机游戏等；然后作者再写自己曾在机场干过哪些特别无聊的事情，好像是搬运行李再编号什么的；最后作者写到他就是这么打发机场时光的。

我怀疑自己眼睛出问题了，又重新浏览了一遍，确认自己并没有看串行，也没有漏看任何一段。这是我多年后第一次那么认真地花了十分钟阅读的文章,居然文不对题,狗屁内容都没有!!!

如果换作年轻时的我,一定是笑一笑,或者连笑一笑都不会,直接翻篇进行下一章节的阅读。也许人到了一定的时期,都会变得越来越珍惜自己的时间——当你觉得自己的时间越来越重要的时候,你就越来越不愿去做无聊的事。不会去打听无关人的隐私,不会去探讨无关人的绯闻,不会去在意不重要的人对自己的评价,不会因为突如其来的挫折而忘记自己的初衷,你心里开始明白世上只有自己的事才是最重要的。

正因为如此,当我带着好心情、抽出时间去看一本自己认为不错的书,可结果却是不知所云时,我感到极度恼火,真想把这本杂志给吞了。我立刻打开微博,搜索该杂志的名称,找到官博,在其置顶的微博下进行了长达百字的留言。大致意思就是:一篇工具文一点儿工具的意义都没有,为何杂志负责审核的编辑能够通过采用这篇文章?文章烂其实很常见,但如此光明正大地透支读者的信任实在令人咋舌。我最后一句话是质问:要知道,看你们的杂志是需要浪费我们的时间的。

恶狠狠地留完言后,一边觉得自己出了一口气,一边又觉得自己似乎太幼稚了。但有一点我是能肯定的,现在的我,比之前更在意自己的时间了。

第二天,我又寻到杂志的官博去看自己的留言是否得到了回复。结果出乎意料,该杂志把我留言的那条微博整个给删除了。

后来,我再也没有买过这本杂志,也阻止我周围的人买这本杂志。

朋友觉得我实在是太可笑了，我不置可否。有的人可笑，是因为愚蠢。有的人可笑，是因为执着。而且我相信，只有当你明白自己的时间并不如想象的那么多的时候，你才会对出现在生命中的任何事物如此挑剔。原谅我只有一光年的宽度，只允许你在我生命中走一程的距离，能走多远都可以，但不能重复地走来走去。

前段时间听说这本杂志的记者不经过采访就编造新闻、盗用图片；最近又听说该杂志经营不善，有可能关张或转手。那一刻，我突然就没那么生气了——大概是那种心情：自己受骗很难过，突然发现原来好多人和我一样都受骗，心里一下子就释然了。这也证明了另一个理论：当你觉得一件事特别糟糕的时候，你可以生气，但是不要气坏了自己，因为你要相信你的判断，一定会有其他人也和你一样。

2014.3.27

扫码收听 本章歌单

现在想想，北京的生活与湖南的生活完全不一样。

在湖南，叙事与记事都有细节。
而在北京，生活与工作只有篇章。
我总是告诫自己，如果在北京活不出篇章感来，
自己都无法在这样的黑白灰三色中分辨出自己。

想起湖南，就能想起那个握着手机直至出汗的晚上，
和自己喜欢的人一起坐着公交车越过湘江大桥，
直扑可吞噬灵魂及一切的黑暗。
想起自己有点儿幸灾乐祸的心情，
想起民谣里的儿化音像挑拨情欲的羊草在彼岸散发出青草的味道。

那些遇见过的人，绕着圈弯下腰说你好。

你好，你好，你好。
我咻咻地笑，习惯性地用阳光到死的微笑
和可在阳光下透出毛细血管的手背挡住额头。
你说港片里什么才是最伤人的武器，
我坐在你的旁边，双脚够不着地，侧着头晃荡着听你发出的感叹。

而在北京，人生行走在平地与天桥，一路灯火辉煌，
迎面而来的行人心里都藏着几斤心事，朝着自己都不知道的方向走去。
而你，也只能随着惯性被挤上开往郊区的地铁，
夹在特2路公交车里，上桥下桥，
一脸烟火尘灰扑面，权当是为了生计而戴的面具吧。

有些人的好就像埋在地下的酒，
总是要经过很久，
离开之后，才能被人知道。
剩下饮酒的人只能寂寞独饮至天明。
最遥远的距离是人还在，
情还在，
回去的路已不在。

人生看似要面临很多选择，
分岔路、独木桥、十字路口，
其实即使你选择了之后，
你也会发现我们仍会被逼到人生的角落，
很多人仍将错过，很多事没有结果，
感情也是一错再错，很多承诺只剩如果。
只不过，你已习惯了不再闪躲，
面对生活，不再患得患失，
冷静沉默，一切如昨。

隔着舷窗看风景,
总觉得外面又美又温暖。

很多事都这样,
想象破灭的感觉真不好。

2012 年 4 月 2 日，
愚人节的第二天，
气温 18 摄氏度，天空多云。

你说你好想在这样的风景里生活一辈子。
我说："好啊，反正这里风景区的饭店
在常年招收服务员。"

有些事情
一旦被情绪包裹，上锁生锈，
外面的进不来，
里面的也打不开了。

养了一窗台的多肉植物，
色彩各异，却不起纷争。
无须整日浇水，也能生机勃勃。
你问我为什么喜欢多肉植物。
我想了半天，找不到特别确切的答案，
只能回答："因为看起来让人很有食欲。"

20 岁出头的时候,
想象中公路旁总会有这样的樱花树。
后来真的见到时,
有种梦想成真的感觉——
这个世界只要你敢想,
某一处就会按你的想象来构造。
有樱花的公路和有乐趣的工作,
都是我的梦想之一。嗯,它们都实现了。

自我孤独

那些
不能对别人
说起的话，

也许正是
我们成长中
彻彻底底的孤独。

第五章

走 一 条

人 迹 罕 至 的 路……

比别人坚持久一点儿

有一种孤独是

需要帮助的时候,发现除了自己没有人可以依靠。因为能忍受这样的孤独,所以虽败犹荣。

如果你到了 30 岁,多少会明白一个打脸规律——本来已经决意放弃的事情,却因为没有退路,只能硬着头皮,抱着"别输得太难看"的心情坚持完成。你不停地宽慰自己:"等到完成这件事情,这一辈子,不,下辈子再也不做这样的事情了。"事情终于在你皮脸不要的坚持下结束了,你突然发现自己居然爱上了这件事情。而周围人对你的评价也出乎意料地好,一方面,你傲娇到兴奋又得意;另一方面,你不禁在心底给自己扇了个震彻心灵的耳光。

你告诉自己:如果放弃的话,也许这一辈子都不会知道自己原来适合干这件事情。

今晚,我正式以主持人的身份录制了一档谈话类节目。早在两天之前,我跑到领导的办公室试探性地询问:"请问,能换人录吗？"答案是显而易见的。

　　自从在娱乐资讯节目中开设了一个自己的小脱口秀版块之后，每天录制一期 5 分钟的节目便成了我 31 岁这年最辛苦的一件事情。我的主职工作是电视节目的管理者，爱好是写一些文字，做脱口秀完全是一时性起。

　　大概在十年前，湖南有一档脱口秀节目叫《马主播时间》，由小马哥马可主持，晓华姐撰稿。小马哥把娱乐新闻与个人观点交叉传递，加上可以把人笑死的小段子，那是我每天必看的娱乐节目。后来，我有幸进入湖南经视《FUN4 娱乐》成为娱乐记者，晓华姐也给我机会让我偶尔写写《马主播时间》的台本。虽然被采用的可能性很小很小，但让我埋下了要写脱口秀台本的种子。

　　再后来，出现了梁冬的《娱乐串串烧》，将 MV 与娱乐新闻结合，辅助个人观点，配合着梁冬本不是专业主持人的风格，让人觉得耳目一新。

　　那时《越策越开心》在湖南经视开播，超红。每看一期，就心生羡慕，羡慕"越策"的团队，一群有想法的人在一起工作该是多么有意思。

　　后来我到了光线，在《娱乐中心》为主持人肖捷开设了脱口秀版块《捷构娱乐》，开启了我长达半年的写笑话生涯。后来随着节目关张，脱口秀梦葬半途。

　　然后到了 2005 年，光线公司总动员制作节目样片，只要有想法、方案通过、报预算，公司就支持制作样片。我大概花了半个月的时间写了将近 5 万字——4 期节目的台本，请小马哥出山录制脱口秀《娱乐开讲》。我记得审片时所有人笑得前仰后合，让我信心满满，觉得自己终于能够凭一己之力开创一档娱乐脱口秀节目了。只是后来，因为尺度，没有电视台愿意播出这样的节目。再后来，我又回到了日播娱乐资讯节目制作的队伍。

这一晃又是好几年，后来，我和大鹏成为好朋友，他有一档自己的脱口秀节目《大鹏嘚吧嘚》，我很羡慕，却再也没有提起过自己那段关于脱口秀的折腾岁月。

"坦白讲……这是刘同的口头禅。"响哥不止一次这样说。

在去年《中国娱乐报道》的改版会议上，会议陷入僵局。我突然说："那我来开设一个脱口秀的版块吧。我自己说，自己写。"

一开始大家都不相信。倒不是因为我有一口蹩脚的湖南普通话（普通话早已不是最重要的标准），也不是因为我没有主持经验（反正现场也没有任何观众），长得也不令人惊艳（大鹏长那样都能成，我更不怕了）。大家是觉得以我的工作时间，怎么可能自己写稿、自己录制这么一个日播型的脱口秀节目。

《坦白讲》就这么悄悄地开始了。第一期节目紧张到爆，现在看起来，有掐死自己的想法。但又感到万分庆幸，如果你想掐死过去的自己，也就代表着今天的你有了明显的进步。

从第一期到第一百期，有太多的人好心劝我放弃，认为我好不容易树立了一点儿正经的形象，瞬间就被自己秒黑了，认为我不应该做自己不擅长的事情。每次他们这么说的时候，我心里都纠结着怒吼：你们骗一下我会死啊！！！嘴里却说："嗯，我再坚持坚持，实在不行，我就不浪费自己的时间了。"

其实自己的时间倒没什么，如果没有人觉得好的话，我浪费的是《中国娱乐报道》的节目时间，浪费的是记者导演们的时间。

有一次我去南京出差。上了飞机，刚坐下，旁边的女乘客就一直看着我，然后对我说："你不是那个谁吗？你叫，你叫……"说话的声音有些大，令我略微尴尬。我赶紧对她说："刘同，刘同。""哦，对对对，刘同。你那个节目挺好看的。"

"谢谢，谢谢。主要是大家都挺好的。"我想，又是一位《职来职往》的观众吧。

"没有大家啊，就你挺好。"

"我？《坦白讲》？"我说出"坦白讲"三个字的时候明显气短。

"对，就你一个人说话的那个。我每次在新娱乐频道看到你都会停下来。很有意思，也特别敢说，虽然普通话一般，但和其他的节目不太一样。"她特别诚恳地看着我说。

虽然前一天为了赶提案熬到深夜，但那一路我没怎么睡。《坦白讲》因为尺度不能在北京版的《中国娱乐报道》里播出，只能在全国其他200余家电视台和新娱乐频道以及网上播出。我没有想到那么快的时间就会被人记住，还那么近距离地说出对我的感受。每天一期的节目，都被人用隐藏的眼睛看着，随时都能给我评价——当然，前提是值得他们去评价。

100期的时候，我们花了几个通宵跟拍北漂演员，记录他们的生活。200期里，我们采访了几百位艺人，跟他们聊了聊平时不会聊的话题。收视率逐步升高，网络点击比预想中更快地破了千万人次。

而在这些闪耀成绩的背后,我其实不止一次想过放弃。

现在想想,那些放弃的理由真好笑。因为早上 7 点要爬起来录制,想过放弃。因为晚上等到凌晨 1 点才能录制,想过放弃。因为录制时间到了,可稿子还是烂得一塌糊涂需要重写,想过放弃。因为别的工作影响,心情跌到谷底,但还要和颜悦色地录制,想过放弃。因为导演孟颖同学会不停地在对讲机里说:"同哥,你的脸太臭了,能不能开心一点儿。"这句话她能够在一期节目中说 20 次以上。

《坦白讲》播到 100 期的时候,我写了一点儿东西,但是没发出来。因为我怕它撑不到 200 期。当《坦白讲》到了 200 期的时候,我没有写东西,我想等到一年后再看看这一切。

这不是一档大投资的节目,感谢《中国娱乐报道》的同事给我那么长的时间自说自话。感谢英事达包装工作室的同事们给我做了一版个人炫酷的片头。感谢小远一直在坚持着文案的工作,无论我怎样批评,他都认认真真丝毫不为自己放水。感谢孟颖一年来一直熬在公司,才有了现在的《坦白讲》。

每天 5 分钟能够改变什么呢?当时我不知道怎样回答这个问题。但一年之后看起来,这个算不上脱口秀的小节目让我相信那么难的事情居然也能坚持下去,它让我知道只要我自己不放弃,周围的人就依旧会有信心。以前在签售会上,大部分同学会说他们喜欢《职来职往》里的我,现在渐渐有了更多的同学说,他们很喜欢每天 5 分钟的《坦白讲》。我 31 岁的时候尝试了一件自己不擅长的事情,但我坚持做满了一年。它仍然活着,且正在被人了解、被人看见。

我越来越明白一些以前不明白的事，比如，很多事情在我们身上遭遇失败，不是因为我们做得太烂，而是因为我们决意放弃。很多事情在我们身上获得成功，不是因为我们做得很好，而是因为我们比别人坚持得稍微久了那么一点儿。

《刘同坦白讲》一年了，谢谢所有看过它、听说过它的人，以及未来会去看一眼它的人。

《坦白讲》到现在我已经忘记究竟多少期了，以前很怕自己撑不下去，能多做一期是一期。后来过了100期，过了200期，过了一年，又过了两年，从搜狐的专区到了腾讯的专区，《娱乐现场》也更名为了《中国娱乐报道》。在这些过程中，《刘同坦白讲》一直都在，因为内心已经明确地知道会坚持下去，所以慢慢就忘记了期数。

也许你看这篇文章不太懂为什么我会花那么多时间写一个大多数人没有看过的东西。分享几个二维码，第一个是我的第一期《坦白讲》，尴尬得要死，普通话也很差，难怪那时周围的人想要制止我；第二个是100期的《坦白讲》，采访的是北漂演员；第三个是很欢乐的《坦白讲》，李敏镐和金秀贤的人气对比；第四个是我早期录《坦白讲》犯下的种种错误。如果你和我一样，曾经为某些事情犯过特别多很二的错误，并且坚持下来，你就能够理解我的这番不要脸的感慨了……

2014.3.28

下雨了别跑，反正前面也是雨

有一种孤独是
其他人都错了，只有自己对了。

有时候，看见初中、高中、大学的同学们，结婚的结婚，生子的生子，离婚的离婚，再婚的再婚，人生画出一个又一个看似漂亮又不怎么漂亮的曲线，我心里隐隐也会着急，看不清彼此的赛道，只知道跑过身边的人多了，多少也会刮起一阵不小的风，风迎面而来，让人梦醒般清醒。

"你看，她的儿子都会叫爸爸了。"

"你看，他都已经生了两个小孩。"

长辈语气羡慕之余，颇有责备之意，仿如我有生理缺陷而生不出小孩，或者我生的小孩根本学不会叫爸爸似的。刚开始，我找不到理由反驳。是啊，每个人都按照社会的要求结婚生子繁衍后代，为什么我要是个特例呢？后来，经了一些事，读了一些书，认识了一些人，感受了一些陌生的环境之后，我意识到自己的渺小。一双眼再使劲地睁大，也看不够这个世界。而看不够这个世界的感慨，让我又时常怀疑自己——我真的懂自己要什么吗？在这样的疑问中，我总是日复一日地尽可能地了解自己。

后来再遇见那些曾我让心慌意乱差点儿迷失人生旅途的人，我也会想：他们还未让自己的人生充分发挥能量，就繁衍了下一代，下一代未充分了解这个世界，也许又要养育下一代，子子孙孙无穷尽也。

这样的人生不是自己的，也没有他人为你负责，没有轨道，飘浮也没有方向，硬要做一个比喻的话——"真是太空垃圾一般的人生啊"。我知道我只是在安慰自己，但确实有效。

我和响哥对"三十而立"持有同样的观点，认为在当下而立之年大可再延十年，40岁知道自己在哪里、要干吗、什么样的人值得交往，也不算晚。

所以，一切都来得及，不用那么着急往前赶。越是着急，越是什么都做不好。

从高中到大学，到参加工作，几乎每一年我都会萌发一次要从头学习英语的念头。我告诉自己，一个月就要学会会话，三个月就要能独自去国外旅行，然后在这个过程中遭遇挫折，觉得自己不行，次次都放弃。

放弃是一件容易的事，心一动，力一卸，顿时就轻松了。但放弃最坏的结果便是重燃斗志的可能性为零。一件事可以暂时不做，但不要彻底放弃，那很容易导致从内心否定自己。

正由于我在学英语这件事上总是半途而废，导致我对自己的能力产生了怀疑，所以我决意要找一个真正能坚持下去的事情，以证明自己并不是一个会随便放弃的人。32岁的时候，我决定选择坚持运动健身。

为了不在运动这件事情上摔倒,我开始思考如何克服"放弃"这个恶习。跑步机需要跑20分钟,到第12分钟的时候完全坚持不下去,我就在心里默默地念叨:"如果坚持不到20分钟,我负责的节目就会被公司停掉。"为了不让自己的节目被停掉,我就努力、使劲、崩溃、喘大气、死也不放弃地朝20分钟的光亮处奔跑,越过最后一秒时,我长舒了一口气,告诉自己:"你救了《中国娱乐报道》,你救了那群特别拼命工作的小伙伴,你真是人民的英雄啊,你太有毅力了,必须给你点个赞!"(如果旁边有人留意到我微笑谦逊的表情,一定觉得我傻爆了……)

后来就发展到:

举杠铃举不到20下,我就默念:"举不到20下,下一本书销量就会很差!"然后就会举25下,最后代表出版社感谢自己创造的销量奇迹。

做俯卧撑一次做不到50下,我就默念:"做不到50下,今年的感情注定不顺遂!"然后一口气做55下,遥望远方,赞美自己的感情也太一马平川了。

我总是设定标准去挑战自己最不能接受的结局,然后死扛。

一个星期、一个月、一年……渐渐地,我从每年都浪费一张健身卡,到现在一周不去三次健身房就不自在。同事问:"为什么你能坚持下来呢?"

我觉得也没什么别的方法,就是前几次你特别认真地练习,然后就能看到自己身体的变化,付出有了回报,自然就有了信心。信心若是持续,必定会得到他人的肯定,他人的肯定最终会成为惊喜。只不过太多人，看到好处才付出，他们不知道，大部分事情都是付出了才会看到好处。

有人说有结果的付出叫付出，没结果的付出叫代价。其实人在年轻的时候无论有没有结果，都要去付出，除此之外好像也没有什么别的选择。

因为知道了不要盲目只追求结果，所以开始变得不着急，把所有的着眼点都放在了每一次的当下，只有对自己的每一次行动负责，才会收获一个美好的结果。

堂弟今年大三，老师把全班同学分成了8个小组，年度成绩按小组作业来进行评定。堂弟常常跟我抱怨他们小组的成员非常不认真，非常怕麻烦，只想把作业完成就好，根本就不去思考如何做得更好。一开始我只是觉得他在抱怨，于是附和几句权当安慰，后来发现他深陷其中无法自拔。于是我就问他："你们班有人能和你一起讨论作业吗？特有想法的那种。"他说："我不知道，好像有一个。"我便说："你都已经大三了，还没有在班上找到一个志同道合的同学。老师分组的时候你也就随波逐流，没有争取自己要和谁结成小组。你和一群不认真的同学结伴，不是那些同学的问题，而是你的问题，是你让自己落到今天这个局面的。"堂弟本想再争论几句，可他想了想，好像确实是这么回事。不要抱怨自己的环境有多差，如果你准备充分且有预判的话，就不会被置于这样的环境中。

因为不在意过去的每一次机会，所以才会对自己未来要走的路没有任何规划，最后走到了死胡同，不能怪胡同结构太差，只能怪自己来的时候，没有拿着地图选择好哪条是正确的路。

记得小学时在操场上玩，突然天降大雨，所有人都发了疯似的朝教室里跑，然后阿伟在后面说了一句："跑也没用，反正前面也全是雨。"然后我就停了下来，和他一起走回了教室。

后来遇见一些事，我知道躲也没用，跑也没用，心情不好没用，抱怨也没用，不如干脆安下心来，慢慢地走在雨中，看每一滴雨落下来的样子，打在身上的样子，溅到泥土里的样子，闻闻真正的雨的味道。

现在也是，每当很焦虑时，我就会想起阿伟说的："跑也没用，反正前面也全是雨。"于是释然，微笑。做好当下每一件事，自然就会雨过天晴。

33岁的我，看见比我小12岁的同事也开始实习了，心里的感受甚是奇妙。一方面觉得自己是长辈了，要成熟、稳重、威严；另一方面又把他们当成同龄人，想说什么就说什么。人之所以会变老，并不是外界给了你多大的压力，给你再多的压力，你无所谓的话也是百毒不侵的。但只要自己有一点儿妥协，一切就会慢慢改变了。人都是被自己弄垮的，这句话还真是没错。

2014.4.1

节约生命，远离做戏

有一种孤独是

真话只能对自己说，对别人说的全是言不由衷的假话。

当观影主持人叫我名字的时候，我的脑子里不停地告诫自己：不能说假话，不能说假话……

主持人说："刘同先生，能谈谈你对这部电影的感受吗？"

我双眼看着主持人，全场观众扭头看着我，我脑子里全是吐槽的内容。我把想说的话翻来覆去找了一遍，根本找不出一个好听的词语来。

我说："我还在回味，请不要问我。"

主持人说："那电影给你最深刻的印象是什么？"

最深刻的印象？最深刻的印象应该是每一句好笑的台词都听过，每一个情节都猜中了，演员的每一个表情都是按脚本走的，每一个大反转都像过年的腊肉，饱含年代久远的味道，以及电影开始还不到 10 分钟，结尾就已经被大伙儿猜中……但这些，我都不能说啊。

我说:"电影里的歌曲非常好听,你看,我现在都能哼出来。"

主持人姐姐不依不饶:"那电影中呈现出来的感情,给你带来了什么样的感触呢?"

这部电影大概的情节就是一个人爱另外一个人,但没说出口。过了几十年,两人遇见,又没说出口。要命的是,两个人的暧昧程度令所有和他俩在一起的人都成了探照灯,一个始终装纯情,另一个一直装无知。

我说:"给我最大的感受是,如果你真的遇见一个好的另一半,能搞就搞一下,搞完了就什么都明白了。别磨磨叽叽的,时不可待。不敢说出来的爱,还是因为不够爱,怕丢脸怕受伤害,这些既然比爱更重要,那就是不够爱。"

主持人接不下去了。临走的时候,公司负责电影宣传的同事狠狠地看着我说:"你说得实在太差了。"我嘻嘻一笑说:"我没说实话就不错啦。"

那天晚上,我睡得特别踏实。

不知道从什么时候开始,我已经不再困惑一个问题——要如何回答别人的问题才能显出自己的好。

记得还没毕业那会儿,凡是别人问我意见,我都会尽可能地找到对方的优点进行评述,对此还沾沾自喜。一位同学明明歌唱得很糟糕,但偏要参加歌唱大赛,她问我的建议。我就说:"你唱得还挺有自己的风格的,应该很容易让评委记住吧。"然后她就花了几百块买了一条裙子,义无反顾地参加了比赛,最终成为垫底歌手,蒙羞而归。我在现场,特别不好意思。我只顾着自己说话是不是有水平，是不是滴水不漏，是不是让对方舒服了，根本就忘记了别人问我意见的时候，是想听到我真正的想法。如果你不好意思实话实说，就最好不要回答，不要给别人错误的信息，因为问问题的人想知道的是答案，而不仅仅是赞美。

后来学乖了，开始对事情有了自己的态度和分析。每次别人问我问题的时候，我就会很认真地说："是这样的，我对这件事情有几个看法……"

我说得格外透彻、特别诚恳，把自己都感动了，心里想着：你看，除了我谁还会那么那么在乎你啊。

某一次参加审片，看了其他栏目组的节目，轮到我发言的时候，我仔仔细细记录了一整页 A4 纸的建议，列出了节目里的十大硬伤，以及造成这些硬伤的原因。我才说到第四点，对方节目的制片人已经满脸通红，老板也看不下去了，让我们私下解决。私下再找对方时，那个制片人彻底和我闹掰。我特别不能理解，为什么我那么认真地说出你想听到的答案，你反而不开心了呢？

其实每次我意识到自己身上有某种问题时，就会用尽全力去调整自己的轨道，让自己不要继续朝错误的方向前进。当我意识到自己总是为了让对方开心而去说假话时，我就再也不能允许自己继续谄媚下去，然后我的生活就逐渐变得理直气壮起来。

二十几岁谈了几次恋爱，次次都以不同的理由崩盘，但究其缘由都是因为过多干涉对方的想法。比如一件事情谈不拢，就会一二三四五六七，一条一条摆出来，本来讲的只是事实，或对或错，或黑或白，简简单单，可对方死不认理。那时吵架之后，我总说的一句话是："不怕智商低的，就怕耍无赖的。"智商低的，可以彼此靠近，但要无赖的就会让你觉得两个人的世界观不符合，常理解释不清楚，这一次即使回避了，下一次还会发生冲突。

后来吵架吵了半天，才发现对方会要无赖并不是不认理，而是嫌我态度太差，本来亲密无间的两个人，谈判起来就像是上下级关系。有一年过年回家，我给家里买了一个马桶智能加热坐垫，我妈偏不要。我就努力说服她，说这个坐垫有什么什么作用，对你们会多么多么好。我妈和我吵了两个小时，我脾气倔得要死，我妈就只能用痛哭来表达她的愤怒。我妈一哭，我就傻了，赶紧说："我哪里说错了，我说的一直是对的啊。你反驳我就是了，干吗要哭啊？"然后我妈就说："我管你道理对不对，你的态度从一开始就是错的！"当时我就蒙了。

道理对不对不是最重要的，态度对了才是最重要的——这是我妈在我成长之后，又给我上的一堂极其深刻的教育课。

有时候，道理可以不用说得太明白，只要用正确且对方能接受的态度表达自己的观点，必然皆大欢喜。

之后公司再开会，我开始进行选择性的发言，态度与内容，都是重要的。

小时候，因为对事物没有自己的看法，所以努力让自己看任何事物都有态度，愤青大致如此。后来慢慢成熟了，理解到即使对事物有了自己的看法，也不必一一说出来，你的态度有时无声胜有声。

解释有两种：一种是喋喋不休，一种是沉默不语。前者令人厌恶，后者令人敬畏。从喋喋不休的解释，到不再用语言去解释，基本上，你的未来不会浪费时间在"解释"这件事情上，你只会选择做给对方看。

我们可以选择性不说真话，但一定不能说假话。不说真话，可以有自己的态度；说假话，则失去了一个人处世的原则。听到颠倒是非的事情，不必非得骂回去，只需要"呵呵"；看到搬弄是非的人，不必非得去扇耳光，只需要从有他的世界里消失。

冷漠和淡薄，是对不喜欢的人和事，最有力的反击。

电影散场的时候，有不熟悉的朋友问："你就不怕得罪电影导演吗？"

我特想回答这位朋友：你一定要相信对方的情商。一个都已经能拍电影的人，怎么能听不出这是为了给面子而采取的迂回答案，他只会表示感谢，而不是横生恨意。如果真有恨意，那他这一部电影之后，应该很难会有下一部吧。

但是这些话我藏在了心里，没有对这位朋友解释，只是冲他"呵呵"了一下。如果这么显而易见的问题还要解释的话，继续跟他做朋友应该会累死吧。

当你到了我这个年纪，再细细回想过去那些令人觉得无助崩溃的时刻，多半会觉得那些事情在现在看来就是一个笑谈，你根本想不明白那时的自己怎么会那么纠结，浪费那么多时间。为了让多年后的自己给现在的自己点个赞，请珍爱自己，节约生命，远离做戏。

2014.4.7

只因她像当年的我

有一种孤独是

写完最后一篇论文,最后一个锁上大学宿舍的房门,归还完饭卡和借书卡,签完离职手续上的最后一个字,长长地舒了一口气,心里便空了起来。

大概是二十五六岁的那段时间,对于生活中会出现的人总是特别挑剔,一两句话对不上就觉得不是同路人,懒得花时间去了解,懒得花时间去接近,觉得自己都已经25岁了,哪有时间浪费在一个根本不可能和自己持续走完人生路的人身上。

那时流行一句话:人生苦短,不要把时间浪费在不相关的人身上。

若你不能在我的生命中成为主角,起码也要成为一个有戏份的配角,若是露一个背影就消失的群众演员,那就直接找剧组结算100块的费用就好,不要占用我作为主角的时间。

25岁,对很多事情都开始有了自己的原则,特别明白自己未来想过的生活,特别知道自己要和谁谈个恋爱。整个人也在25岁左右的日子里变得特别地特别。

人成长的代价，或许就是渐渐地扔掉一些原则，自己却没有觉察。

临近30岁的时候，我在一档求职节目做招聘嘉宾。

一位在网络媒体做过娱乐记者的姑娘想要求职做电视媒体的娱乐记者。

姑娘性格直爽，口无遮拦，站在那儿不说话，都透出一副天不怕地不怕的样子。

问她在过去的职业生涯中，最骄傲的工作业绩是什么。

她说了一个女孩的名字，那个女孩靠脱衣露点成名，其母亲却也深表支持。

我表示不能理解，原因是一个女孩只因脱了两件衣服，说了几句没有底线的话，就令一群受过大学教育、交过多年学费、背负父母殷切期望的媒体人，举着话筒、打着灯光、扛着摄像机，围着去采访。这种采访不仅是对媒体人的侮辱，也是对这个行业的侮辱。

求职女孩很激动地表示她采访的目的是"揭露社会阴暗面"，也是在"批判某种社会低俗现象"。

在这个行业里，有太多打着"揭露阴暗面"的旗帜的报道却实实在在是在猎奇，很多刚入行的年轻人也许不能理解。

如果你真的鄙视某一件事，那么最大的鄙视就是对其漠视。

由于我对她采用了言辞过于犀利的辩驳，18家企业的灯几乎全灭了，而在最后一刻，我本想摁灭的灯却没有摁下去，然后也不知何时，我眼眶尽湿。

想到自己刚毕业工作的时候，为了自己的小说能有一个好的销量，策划了一出特别不近人情的炒作，给当事人造成了极大的困扰。当时有长辈批评我的做法，我很不以为意，认为自己在那样的环境之下，如果不做这样的事情，根本就不可能被人关注。当年的我得意扬扬，毫无悔意，丝毫不把给当事人造成的困扰当成一回事。

多年之后，当我渐渐认识这个世界，认识到自己的问题时，内心只要一想到此事就觉得羞愧难当，不愿提起。

求职女孩跟我辩驳的语气和神态，像极了当年和长辈争论的我。

主持人李响问我为何留灯，我说如果她是妖的话，会有更大的魔去收了她。很多人不能理解我的行为，所以在现场，我几乎是哽咽着说完自己那段不愿再提起的往事，后来节目制作人说为了保护我，后期播出的节目中还是把这一段给剪了。

即使没有播出，但对于我而言，有些长久不愿意提及的事情，说出来就是最好的解脱与告别。

我们常说"我没事"，其实如果内心真正的没事，就能肆无忌惮、旁若无人地说出来。也许内心仍有愧疚，还未放下，所以才一直藏在心里，不能见人。

后来女孩进入我们公司，成了一名娱乐记者。工作认真，为人风趣，有时遇见，她会怯怯地笑着抱怨："同哥，你当时对我太凶了，好多同事看了那一期节目，我太没有面子啦。"

她在节目组大概待了快一年的时候，有一天拿着离职单来找我，说："同哥，谢谢你给我这个工作机会，因为这个机会，我认识了现在的男朋友。他不希望我太辛苦，明年我们就打算结婚了。"

我看着她，笑了笑，拿过离职单签上了自己的名字，什么都没问。

换作以前遇见这样的情况，我会觉得难过，一个花了很多努力才招到的同事，我会希望他们在自己喜欢的岗位上做很久，做出一个好的成绩。若是中途放弃，我会很焦虑地开导他们，如若不成，我心里便会狠狠地画一道叉，埋怨自己活该，提醒自己再也不要看走眼之类。可是，对于她，我并没有这样的感觉。我看着她得到她想要的岗位，看她和同事打成一片，看她认识了男友，并计划完成人生最重要的大事，内心平静，波澜不惊。

大概在她辞职几个月之后，我突然再次想起她，不免心生感慨。有些人即使不能在你的生命中长久停留，但因为你的存在，他们的生命变了轨迹，朝着另一个春暖花开的方向前行，这未尝不是一个好的结果。

这算浪费时间吗？

20岁出头的我也许会肯定地告诉你："何苦要这么折腾？"

但现在的我却认为："所谓折腾是什么都没有留下，包括回忆。"

很多同事离开团队之后，常常回来，反而我会不太好意思，匆匆打个招呼，也难再提及工作的近况。如若对方工作顺心，好像离开我们是对的；如若对方工作不顺心，好像我故意在强调当初他们的决定是错的。唯独这个女孩离开之后，我再也没有见过。不见也好，大家都记住彼此最好的样子，不必因为再见的尴尬而改变印象。相见不如怀念，或许只是想把最好的对方放在心里吧。

2014.4.8

我就是无法讨厌一个有眼光的人

有一种孤独是

当大多数人不赞同我时,你却偏偏站在我这一方。第一瞬不是感动,而是觉得我怎么能让你变得和我一样孤独,而后才有满满的感动。少数人的温暖,也是一种心照不宣的孤独。

任何立志坚持想做一件事情的人,从你下定决心要坚持的那一天起,就会有人拿出他们的绝情五步倒,凑到你鼻头给你闻。闻不死你,也会让你心情很糟糕。

我总说不必在意某些人的意见,如果你不是依靠他们的意见谋生的话。可多数人都有那种好话听一遍就忘记,坏话过耳不忘几十年的本事。

"你写的东西我根本就看不懂。"

"你的东西太矫情啦。"

"你写的东西就是为了凑数。"

"你写的东西顶多是叫座不叫好。"

"你一定花了不少钱雇了不少水军来宣传炒作吧。"

哪怕有很多人说：

"每看一遍都受益匪浅。"

"这是我本年度最喜欢的一本书，必须每天带在身上。"

"感觉你写的就是我自己，很多地方都有落泪的冲动。"

"你赶紧出下一本书吧，我一定号召所有人来支持。"

即使他们这么说了也没用，我的心头永远吊着那些匕首，偶尔一抬头，便——落入胸口。

据说一个女生如果对一件事情有好感的话，会平均跟 4 个人说。但如果他们对一件事情有恶评的话，就会平均跟 17 个人说。有人得出的结论是：恶评比好评更具有生命力。我得出的结论是：我的心里住着一个女生。

想起来，这女生简直就是我妈扎了个营住在我心里。

我妈看了作家榜的榜单，里面把每个人的版税都标注得一清二楚。我妈特别没好气地说："为什么他们要把你们的版税全部都写出来，多不好啊，这到底是一个什么奖？"我说："这是税务局颁的一个奖，表彰每一个纳税大户。"

我妈问："你多少名？"我说："第 14 名。"她又没好气地说："为什么是第 14 啊？第 16 名或者第 18 名多吉利啊！"

我妈又问："那有奖杯吗？"我说："可能有吧。"她说："是金的吗？"我说："应该不是吧。"她说："他们好小气啊。"

我觉得我无法和我妈继续正常对话下去，我的点根本就不是这个啊！然后我打电话给我爸，我爸对这个奖非常熟悉，但我爸的点也很奇怪，我需要在短时间内让他知道这次入围的意义，于是我只能说几个他平时喜欢的作家。我说:"你知道×××吗?"他说知道。我说:"你不是看过那个人的书吗?"他说是的。我说:"那个人你不是很喜欢吗?"他说是的。我很镇定地说:"他们都在我后面。"

我爸秒懂。

每个家庭里都有一本错误百出的账本,根本经不起推敲。但因为父母已经退休,我无法再和他们理论很多事情的本质,只能随他们去,按照他们习惯的方式去解释,慢慢地,次数渐多,再回首,发现节操早已没有,丢失在临近童年的尽头……

挂了电话,我妈给我发来一条短信,又把人给整哭了。

她说:"刚听你在电话里兴奋的语气,我觉得你好可怜……"

也难怪我妈觉得我可怜,因为在意的东西多了,所以常不想掩饰内心的喜悦,而一旦表达的喜悦多了,就容易被误认为是一个内心极度匮乏、毫不丰盛的人。

领奖的时候,心情格外激动,看见郑渊洁老师坐在台下,忘记说自己是看着他的《童话大王》长大的,最喜欢那个能变形的小飞马,觉得自己遇到困难的时候,一直跟着自己的随身小物件能幻化成人,出来保护自己是件很温暖的事。

我给自己的车取名叫刘小白,每次开它的时候,我都会说:"你好,刘小白,爸爸来了。"每次停好它,也会说:"爸爸上去睡觉了,你一个人安静待着。"

这个习惯,就是从郑老师的《十二生肖童话》而来。

一个人轻易就改变了你,而你却忘记表达自己内心的感谢。

真想扇自己一个耳光。不是因为浪费了宝贵的机会,而是后悔在那么重要的时刻,没有把时间留给一个对自己那么重要的人。

有读者给我递了一封信,写得很长,看得我泪眼婆娑。最后一段她写:主办方说现场不能大声喧哗,但我们怕你到了成都不认识我们,所以我们每个人都会举一本你的书……

然后我脑袋晕晕地走在红地毯上,看见了很多面孔,以及一整片贯穿红地毯始终的蓝色风景线。

也许从小内心缺乏自信,所以到现在也难以相信很多已然拥有的温暖。谢谢每一位读者的成全,我肯定会越来越好。

"当我讨厌一个人的时候,如果这个人突然说喜欢我,那我就一点儿也不讨厌对方了。就是这么有原则,无法讨厌一个有眼光的人。"一位朋友这么说。

谢谢那么多有眼光的人,你们用一点一滴的温暖,成全了今天的我。

人生何处不低谷

有一种孤独是

四周的一切都暗了下去,看不清周遭,先是恐惧,然后归于平静。

这时,突然可以听清空气的流动,开始看得见自己过去的每一步。

这种自省的孤独,胜过一切的鼓励。

"我曾经就住在一个几平方米的地下室,可苦了。"

"当年我的工资一个月才 900 块,但是我没有放弃。"

"那一次,手都冻僵了,后来花了 3 个小时才渐渐恢复知觉。"

好多朋友,说起过去的事情,泪光闪闪,轻易就能漫漶倾听者的情绪。

大伙儿跟着一块儿抽泣,骂自己和对方比起来简直不是人。

大伙儿一起鼓掌,反省自己为什么仍然不能成功。

读大学时，有个舍友每天垂头丧气，你稍微对他表示一下关心，他就说自己陷入了情绪的低谷、人生的低谷、学业的低谷。一开始你很认真地把对方的低谷当回事，后来你突然发现他可能是把"低谷""瓶颈""郁闷""心情不好"等几个词，都当成了语气助词来使用，没事就挂在嘴边。"人生低谷"这个词连睡个午觉都能从嘴边当口水流下来，溅湿过路者一身。心情不好能叫低谷吗？

还有一些人，天生就不喜欢低谷，为了避免低谷，就用幸福的山头去填满一个又一个的低谷。宿舍条件不好，就拿一笔钱出去住公寓。毕业要找工作了，托个关系就拿到了铁饭碗。怕谈恋爱受伤害，父母安排一次相亲就把自己给推销出去了。人生一马平川，见神杀神见鬼杀鬼，没有任何能拦得住他们的地方。只是这样的人生，没有山峰，没有低谷，一眼望到头，只有一条大道通向生命的尽头。

年轻的我们分不清什么是情绪不好，什么是境遇糟糕，什么叫工作瓶颈，什么才是人生的低谷。或许在成长的道路上，各有各的遭遇，但谁也不知道那是你人生中的哪一段。

我有个朋友，性格像极了许三多，面对任何困难，眼皮都不眨一下，心里认定了一个目标，就跌跌撞撞着前进。他一直想自己做一家公司，一开始做杂志倒闭了，欠了好几百万元。后来做公关，积累了一堆关系，但也没赚到什么钱。来来回回一路折腾，朋友们都在背后笑话他的人生挫折。他笑着说没关系，起码每一次失败他都找到了原因,所以觉得那不过是他下一次成功到来的试运行而已。

过了几年,他转做品牌代理,把过去几年的关系与资源整合在一起,第一年便盈利还钱,成为圈内品牌代理的佼佼者。说起过去欠了很多钱的日子,他摇摇头,说自己丝毫没有觉得到了人生低谷。他说在他的脑子里,没有"低谷"这个词,所有的艰难,不过是为了登顶所必经的上坡路而已。

如果你停止,就是谷底。如果你还在继续,就是上坡。这是我听过关于人生低谷最好的阐述。

多数成功者,都具有一种钝感力。他们不会被糟糕的环境影响,他们内心永远有一件值得沉迷与付出的事,这种钝感力足以打败比他们更聪明的那些人。

为什么我们总是会看见那些成功的人去分享他们过去的种种不堪,说起过去,感慨连连。并不是他们在炫耀,而是当时的处境他们根本来不及感慨,直到今天站在岸边,想起过去,才能安安心心、平平静静地说一句:"那时,确实是一个低谷。"

"低谷",这个词若出现在现在,证明你已停止前进。若你坚持爬坡,这个词一定会出现在你回忆的时光里。

扫码收听 本章歌单

二十几岁的时候，
我常做一个梦，
在石子砌成的堤坝旁边，
湛蓝的天空被横七竖八的电线瓜分，
我们一前一后，迎着海风奔跑，
叫出来的那些话全被稀释在风里。
后来，什么都不用说了，
一直跑一直跑，酣畅淋漓。
我就想这么一直跑下去，不愿意梦醒。

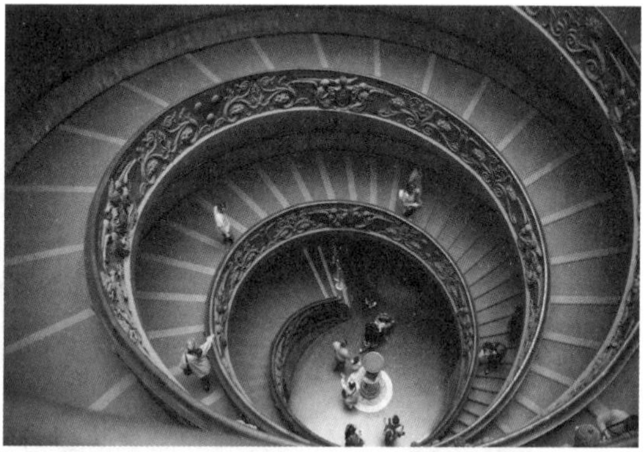

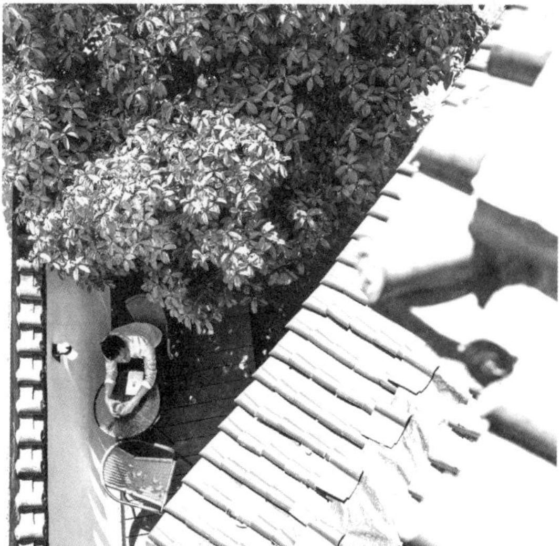

记得年少时的画面吗?
和青梅竹马迎着夕阳,
你觉得自己是公主,
全世界都围着你转。
如果你忘记年少的错觉,
早点儿认清自己在别人心中没那么重要,
也许近十几年你会快乐很多。

总会听到一些感叹：还没年轻，就老了；
还没成功，就失败了；
还没绽放，就凋谢了；
还没开始，就结束了。
日子在这样的叹息中渐渐消磨殆尽。
其实只要你不认老，就会一直年轻。
你不服输，就一直在战斗。
你不低头，世界看你仍是挺胸绽放。
你不放弃，谁也无法为你判定人生结局。

一条不知道通往何处的路
也是有尽头的。
只是年轻的时候,
我们总是怀疑这一点。
以至于今天,
很多人仍没有走到终点。

孤独是半身浸江,秋水生凉。
寂寞是全身如林,寒意渐深。
枫叶似乎总是和这两个词联系在一起。
日暮秋烟起,萧萧枫树林。

一个人的时候或许并不孤独,
置身于热闹人群中,才越发孤独。
倘若你了解,擦肩而过的那些人都与你的心情一样,
也许你便有勇气给对方一个笑容。
其实我们都一样,偶尔会觉得自己比别人更孤单。

每次搬家时,都会去宜家买很多碗筷,
想着多少朋友的聚会,多少鼎盛的沸腾,
然后兴冲冲地举行年轻人的聚会,开心得一塌糊涂。
第二天,再看见这一桌的凌乱,
才明白没洗的杯具都是悲剧,没洗的餐具都是残局。
再以后,它们都安安静静地躺在橱柜里,
唯一的用途就是回忆。

没有牛奶,便吃不下面包。
没有半个冰西瓜,就看不了漫画。
没有零食,就看不完偶像剧。
没有钢笔做记录,就看不完一整本书。
没有你,就没有信心满满的我。
谢谢你愿意搭配我,才能让人胃口那么好。

为了你，我可以做很多事，
认真工作，努力挣钱，
买好吃的，买好看的，
全世界你想去哪里都可以。
你笑我太有功利性，做了这些事，
肯定希望你能为我做些什么。
我摇摇头说什么都不需要。
其实，我心里想的是——
一间小房子，一个小窗户，
下班回家的时候，
我能够看见你在窗户上晾了我们的衣服，
就心满意足了。

群体孤独

当面对两个选择时
抛硬币总能奏效，
并不是因为
它能给出对的答案，
而是在你把它抛向空中的那一秒里，
你突然知道
你希望它是什么。

第六章

有太多

新鲜事的
世界 ……

不能说出来的秘密

有一种孤独是

你以为自己是人群中最孤独的那一个,最后你发现整个人群其实都是由孤独的人组成的。你不再为自己的孤独而失落,你会为那么多一样的人而难过。

大概是在 2005 年的秋天,我到安徽铜陵参加了一个面对学校同学的交流活动。活动的主要目的是让更多的年轻人看到外面的世界——什么都可以发问,什么都可以探讨,借此调节一下大家略感无聊的学校生活。

那一次的行程安排得非常密集,两天之内要去五个学校:两个高中,一个初中,一个小学,一个技校。

当时的我 24 岁,朝气蓬勃,并不羞于在学生面前袒露自己的心声,也不担心自己走不进他们的世界。我总觉得,只要你不把对方当成小孩,而是当成同龄人去对话,他们自然也能亲近你。每一次的交流大概都有一两百人,下课铃声一响,同学们就陆陆续续走进大教室。我看着他们落座,窃窃私语,交头接耳。你很容易就能分辨出哪些人是活跃分子，哪些人对陌生人有抗拒，哪些人对外界充满好奇。比如把校服袖子挽起来的大都是人群中的意见领袖，只要他提问，大家都会认真听。恨不得把手缩进袖口，把衣服拉链拉到最上方的孩子，似乎惧怕这个世界，极力思考但不敢发问，尽量减少自己与社会的接触。

从高中到初中再到小学，每个学校的氛围都其乐融融。比如同学们会问我的工作都做些什么，如何制作电视节目，认识哪些电视上的明星，一旦你说出一两个来，底下就会一阵惊呼。你不会觉得他们大惊小怪，反而觉得自己很幸福，那些在他们看来很美好的东西，其实就是我们生活中极其平常的部分。

最后一天下午去技校的路上，主办方的老师面露难色说了一些自己的看法，大概的意思是技校的同学大都成绩不太好，也没有考大学的愿望，对于他们而言，读书够了，就分配到各个工厂，所以对外界并没有期许，如果交流效果不好的话，不要往心里去。

因为有了前几站的成功经历，我毫不在意地说："你们放心吧，肯定没事。"

交流会是下午 5 点开始。5 点钟，我们准时进入会场，技校的同学还没到。又过了 5 分钟，老师匆匆地跑进来说大家都准备放学回家了，现在已经做了强制的要求，人马上就到。不一会儿，同学们背着书包，陆陆续续走进会场，没有人打量我们这群陌生人。从他们的脸上看不见任何表情，大概还未相遇，便准备以萍水相逢来做结局。

只有一个把挎包挎在脖子上的男孩，坐下没几秒钟，就站起来问:"老师,你们还要做什么?我要赶回去给家里做饭,不然家里晚上没饭吃。"大家哄堂大笑,然后一些同学开始附和:"是啊,是啊,我们都有事。"

老师脸色略微尴尬,连忙对他们说:"这几位哥哥是学校老师专门为你们请来的,想和你们聊一聊学习,聊一聊生活。"那个用脖子挎包的男孩脖子一梗,说:"我不要听这些啊,我只想回去做饭,你们每天聊得够多了。"孩子们你一言我一语,有明确观点的人不多,多数是在附和某种不愿意妥协,却又不得不妥协的情绪。

为了不耽误大家的时间,我便说:"其实我们也不想占用大家的休息时间,所以这一次过来只是想作为朋友和大家交流一下。"

底下有女孩很大声地说:"你们怎么会和我们成为朋友?不就是来随便聊聊吗?"

那个女孩皮肤很黑,你可以想象得到她一直在太阳下暴晒的样子。我更正了我的说法:"如果你们愿意和我们成为朋友,当然是最好。如果不愿意,我们随便聊聊就可以。比如你们有什么想问的,有什么想了解的。"

说完之后,底下同学鸦雀无声,似乎在用这样的方式进行非暴力不合作运动。

"如果大家不举手的话,那我就点名了哦。那边,王洪力,你说说你有什么问题?"老师用这样的方法给我们这些省城来的年轻人台阶下。

王洪力站起来。半天看不到他的正脸,头一直对着桌面晃,晃了半天冒出一句:"我没有问题……我有问题……你为什么要叫我回答,那么多人可以叫。"底下又是一片哄堂大笑。

我从未想过会遭遇这样的场面，顿时觉得人与人之间的交往，如果一开始就有隔阂的话，再强调要如何融合，多少有一些别扭。

我决定放他们一马。其实我是决定放自己一马。

最后我说："如果大家不举手提问的话，我们换个方法。大家可以拿出纸笔，可以写纸条给我，什么都可以问，写上自己的名字。我不会念出来的，但是我想知道你是谁。"

说完之后，大家沉默了几秒。或许是觉得我这个人太难搞，明明看我的脸色是打算放弃的，可到最后仍然不死心。先是一个同学打开书包，拿出本子，"唰"的一声，撕下一张纸，开始写。然后陆续有同学问他借纸，慢慢地，三张纸条递上来，五张纸条递上来……于我而言，松了一口气，我安慰自己说，只要有一张纸条，回答完一个问题，这一次的见面就不虚此行。

翻开第一张纸条，上面写：你们这样的人为什么要和我们这样的人做朋友？

我看着这张纸条，在心里揣摩该如何回答，最后说："我在你们这个年纪的时候，和你们大多数人一样，觉得看不到未来，生活似乎也一成不变。偶尔遇见一个和我生活不一样的人，也不敢交谈。我怕了解之后，他继续过他的生活，我继续过我的生活，除了让自己难过和羡慕，没有其他的结果。我们成为朋友并不是朝夕相处，而是希望你们能看到一个真实的我，然后对未来和自己都有一个参照物。"

我不知道这样的回答他们是否能听得进去，但是我看到传上来的纸条越来越多，十几张十几张地传，一捧一捧地传，还没来得及回答第二个问题时，讲台上已经摆了满满一桌。

我看着纸条，再看着他们，又看看纸条，又看看他们，大家已经不似刚开始那样横七竖八地趴在座位上，而是认真又任性又坚定地看着我。我特别想笑，可不知为何刚开口就有一些哽咽。

我佯装选取问题赶紧低头，把面前的纸条一张一张打开，却发现了一个奇怪的现象，80%的问题都极其相似。

"刘同哥，我很自卑，我该怎么办？"

"周围的人都不理我，我觉得自己很孤独，朋友为什么那么难找？"

"我总觉得融不进周围的环境，又没有勇气，很自卑。"

"怎样才能找到真正谈得来的朋友呢？"

好在纸条上面都写了自己的名字，于是我说："刚才我收到一张纸条，大概意思是说觉得自己很自卑，不敢与周围人聊天。我想知道这位同学是谁，请举手。"

1秒、2秒、3秒，底下的同学超过一多半都举起了手。

那一刻，我眼泪落下来了。

"你们看看你们的四周，有多少同学都举了手。因为大多数人认为自己是自卑的，别人瞧不起自己，认为世界把自己抛弃了。其实真相是，每一个人都希望和对方成为朋友，只是每一个人都不敢迈出那一步。"

同学们先是不好意思地低下了头，然后自嘲地笑，接着如释重负地笑，最后对着彼此灿烂地笑。

我拿着纸条继续回答问题，但之后的之后，已经是阳光下的风景，留在了回忆里。

每个人都有不能说出口的秘密，这些秘密或许在多年之后才发现是如此雷同。打开自己，交出内心，或许容易被伤害，但更多的可能是收获另外一颗真心。今天的我，对于很多事都采取这样的方式，交出自己最真实的想法，那么得到的是打击，也无所谓。拿合作来说，我总是抱着听噩耗的心情打每一通电话："如果你觉得没希望，我们就放弃了……""如果这一次不行，你就告诉我，下一次我提早要求……""没关系，你现在告诉我，我还能想别的方……"30岁后的人生，我似乎一直拿着自己的坦荡去逼迫别人的坦荡，原以为人生路会越来越窄，没想到心境却越来越开阔，收获的朋友也越来越多。

2014.4.15

干杯啊,朋友

有一种孤独是
你羡慕他们的生活,却不得不回到自己的生活。

满眼是一样的木制招牌,一样的书写方式,一样的小情小调,一样的姑娘穿着一样的民族服装,打着一样的伞,端着一样的碟子,里面放着切得一样大小的鲜花饼,饼上都插着一根一样的牙签。她们用一样的普通话说着:"丽江鲜花饼,请你尝一尝。"

穿戴一身配饰的老人等着你调好相机的焦距,聚焦之后,你便能看到他用你听不懂却明白意思的方式告诉你:请交钱。

有些小店门口有很大的宠物狗,你蹲下来拍照,便能清楚地看到旁边的纸箱子上写着:爸爸养我很辛苦,能不能给我们一些生活费。

大同小异,意兴阑珊,街边的小吃并不丰盛,土豆饼与玉米的排列组合也不算新鲜。你举起相机,只想给丽江之行留下一些自然色彩,大婶仰起头对你说:"要给钱哦。"

好友愤愤然将微信群的名字改为"不懂丽江"。他已成长了很多，如果换在几年前，群的名字起码也是"丽江去死""讨厌丽江""丽他妹的江""丽江告别团"之类的丧气名字。以前不喜欢一个东西，多半觉得是对方出了问题。现在不喜欢一个东西，起码先开始怀疑自己的审美观。

有朋友听说我要来丽江，给了一个评价：丽江就是一群外地人在外地开店挣外地人钱的地方。

到了之后，我想说：其实，我也不懂丽江。

东西不便宜，满眼都是全国各地的特产，大众点评网排名第一位的餐厅不过是好吃的外地口味。我们面面相觑，脸上传递的讯息再明显不过了——再也不想踏入此地。

丽江美吗？自然是美的，但涌入了太多的人工雕琢。

丽江舒服吗？自然也是舒服的，但没有足够的钱，去哪儿都是废的。

最后一晚，不想再去名为"小巴黎""一米阳光"的情调酒吧，沿着江边散步，权当是最后的告别。

就像每段恋情即将结束时，心里总要走一段有仪式感的回忆路程。心里的每个角落，记忆中的每个细枝末节，拾起来看了又看，害怕错过一时，于是错过一世。

对于丽江的情感大致如此。夜晚的月亮格外清朗，青石板铺成的路反射出蒙蒙的银灰色。大多数店铺已打烊，游人从路上拥入各种小酒吧，气温也骤降了十几摄氏度，这时的丽江束河镇终有了自己的韵味。

江边不起眼的小酒吧名为"完美生活"，招牌上写着"自助喝茶,自助喝酒,自助 KTV,自助艳遇……"。这样的内容在各种处心积虑玩个性的酒馆中并不足够吸引游人,朋友阿爆说:"这里安静,驻场歌手唱完之后,可以自己唱歌。"

两男两女,我们四人曾是同事,如今以好友名义旅行,若还未交心便打道回府,恐怕未来也很难再走进彼此的内心。喝痛快的酒,唱动情的歌,聊走心的话,不被外人打扰,寄小镇一隅以一束火星,用以燎原少年之间的友情。

落座未到十秒,一个三十好几的中年男子送来酒单。酒吧里寒气十足,纵使有一桌成都游客已喝到目光如炬,我们还是忍不住将双手紧握在了一起。中年老板大喊了一声:"老高,生炭。"不一会儿,被称为老高的同龄男人捧着一盘已生好的木炭过来,帮我们将炉火添好,且用一本旧杂志给扇了起来。在变暖的过程中,有人给我们送来了一壶刚泡的普洱茶,有人给我们打开了一打风花雪月的啤酒,有人给我们拿了一瓶不知名的红酒,他们说:"有事就招呼我们,我们就在你们旁边喝。"然后又提醒道:"驻场歌手已经不驻唱了,所以你们想唱歌的话就自己去吧台点。话筒一般,凑合着唱就行。"我们已然进入微醺状态,豪气十足地说:"没事,在这里,唱歌就是为了唱,好不好听我不管。"对方竖起大拇指,大概的意思就是"你们挺上道的"。

等到隔壁成都人唱完了几首歌,我们桌的两位女孩也来了兴致,却因为从未在陌生人面前唱过歌,点了歌,又扭捏不敢上台。"要不,咱们干了这杯酒?"楠楠说。她是主持人,主持过各种颁奖晚会、盛典,却对于在酒馆的吧台上唱一首歌紧张得要死。她倒了一满杯红酒,还没等我们彼此说两句"一切顺利""开心""希望明天会更好"的象征性祝福，自己就一饮而尽，然后跑到吧台上，哼起了莫文蔚的歌。

莫文蔚、陈绮贞、戴佩妮、刘若英，文艺女青年文艺起来，迪克牛仔也要唱苏打绿。两位女孩看隔壁一群小伙子伴唱兴致正浓，直接把人拖上去一块儿唱。情歌、舞曲、饶舌、对唱，两桌人迅速打得火热，举起酒杯，什么也不用说，直接灌入胃里。

酒是个奇妙的东西，心情好的人越喝越清醒，心情抑郁的人越喝越苦闷。

看我们喝得兴起，刚刚给我们送炭火的中年老板也过来干了一杯。

我在刘若英歌曲的间奏中对他表达羡慕："你真自在，有自己的酒馆，还能每天和朋友一起来喝酒。"

他说："喀！我们这里没有老板！"我坚定了一颗你们就是比我开心的心，不依不饶地说："就算是打工，也令人羡慕，一边打工还能一边喝酒，这样的工作谁不想做啊。"

他笑了笑，跟我碰了一下酒瓶，然后用下巴示意我们右边那一桌："那个给你们倒茶的，给你们开啤酒的，给你们拿红酒的，我们全都是好朋友。我们不是老板，也不打工，我们也是客人。老板把店交给我们，我们每天自己来喝酒，顺便招待一下你们……"

酒吧里有对小情侣，90 后，因为在丽江相遇，便爱得死去活来。不到三个月，男孩便向女孩求婚，女孩觉得唐突，迟迟未答应，男孩爱到了骨子里，每天都求一次，两人干一杯求一次，接吻之后求一次，唱完一首歌求一次。每次男孩认真求婚的时候，女孩便咯咯咯地笑。男孩放荡不羁地摸摸自己的寸头，毫不在意。楠楠说男孩的寸头真帅。他突然就露出了90后男孩的羞涩，不好意思地说："原本我是长头发，但女孩总喜欢去揪，为了自己没有把柄被抓住，也为了让自己记住这个人，于是把长发给剪了。"

他说得坦然，女孩在吧台唱歌，他说两句便望望女孩的背影，神情和语气都好像在说，长发为她剪得真值。

对于很多青春期的男孩而言，蓄长发是叛逆的萌芽，也是有个性的初始。一头长发，一件皮衣，一双靴子，跨坐在摩托车上，觉得自己帅极了。一切青春的自我假想，都在遇见了女孩之后，咔嚓一声，消失。

再隆重的自我暗示，也比不上一次动感情的单纯。

我们劝女孩答应男孩，理由是：反正这个年代，结了婚还能再离。但遇见了一个对的人，不接受，就会走丢。

女孩满脸羞涩，不敢看男孩。男孩又趁机低声说："他们说得对，嫁给我吧。"

有人把求婚当儿戏，有人把求婚当成万里长征。

问男孩为什么喜欢女孩。

他说："在一起待了一天，觉得挺好，就想一直在一起。"简单纯粹得令人神往。

女孩回头对着他莞尔一笑，看起来，不像爱，也不像暧昧，像是用一种尽力看穿灵魂与时间的态度，认为"能在一起待着"就是安全感。

这句话似乎适用于整个小酒馆的人，能在一起待着就是安全感。

楠楠三下五除二地把自己喝高了。一个人在吧台一首又一首唱着，毫不疲倦；男孩、女孩在角落的沙发里分享着少年的隐秘心事；成都游客把所有空的啤酒瓶留在桌面，当成在束河的胜利品；老高和他的兄弟们喝着酒，打着节拍，招待着每一个经过这个镇子的人。

我坐在沙发上，这个不足100平方米的小酒馆，同时放映着题材不同的连续剧，有的刚拉开序幕，有的已到高潮，有的播成了长寿剧。每个人都认真地对待着内心的欲望，毫不委屈。

龙泉水流经青龙桥已有400多个年头，潺潺汩汩。有人看龙泉水将束河分为古朴与繁华两种风貌，有人看龙泉水将束河分为居民与游客两种人群，而我却以为龙泉水将束河分出了白天与夜晚两个世界。

夜深人静，喧嚣退去，心里的那些声响便伺机而动。

类似的灵魂在傍晚苏醒，被酒精升华，毫无陌生之感，唯有相逢之悦。

干杯，干杯，干杯。

有人在吧台唱："有许多时候，眼泪就要流。那扇窗是让我坚强的理由，小小的门口，还有她的温柔，给我温暖，陪伴我左右。"有人蜷缩在角落，想起过去，无端落泪。

离开的时候，老高、小高一左一右，他们一手举着啤酒瓶，一手搂着我："不知这一辈子，我们是否还能相遇。但要记得，我们曾经见过。"

因为一座城而爱上一个人不是没有可能。有时你会重新爱上一座城，也许只是你曾在这里遇到过几个陌生人。

这篇文章在《一个》上发表后，有人在微博留言，说：后悔没有和你多喝几杯，这样你就没法把故事都记录下来了，有缘我们再见。像老高，也像小高，也像那对 90 后的年轻情侣，但像谁其实不重要，那一刻短暂的相遇，让我们彼此信任，还有什么比与陌生人交心更令人觉得温暖的呢？

2014.4.23

世界不一定还你以真诚

有一种孤独是

因为不被人理解，所以你开始练习和自己对话。没关系的，你会发现这个世界上只要你能理解自己，比任何人的理解都重要。

不能被身边的人准确地理解，是一件极其痛苦的事情。现在回想起来，那种痛苦简直贯穿了我整个少年和青年的时光。

因为不能被理解，所以总尝试花很多的时间去解释，想告诉他们什么才是真正的自己。

因为不能被理解，所以总怀疑别人内心很讨厌自己，所以总是委屈自己去讨好别人。

因为不能被理解，所以总是一个人上学、一个人玩、一个人回家，什么都是一个人，最后居然也就习惯了一个人。

因为不能被理解，逐渐对自己变得没那么有信心，也许别人才是对的，也许按照他们的行为方式才能活得更简单，渐渐放弃自己想成为的自己，渐渐对这个世界妥协，直到有一天，你认不出自己的时候，你才发现他们早就已经不在乎你，更谈不上理解你了。

"理解"，是我们跟世界沟通之后想要的结果。我们一次又一次地试探，一次又一次地受伤，我们身边的人换了一拨又一拨，我们在拥挤的人潮中踮起脚尖、伸出右手，在空气中挥舞的样子，让人联想到沉入水底拼尽一切全力紧抓稻草的迫切感。我们那么努力，只是希望能遇见一个你，握着我的手放下来，摁住我的肩沉下来，双眼平视，瞳孔与瞳孔是两个彼此吸引的黑洞，一言不发，我们就会吸引对方跌入自己的世界，再也不出来。

读书时，尝试过很多次离家出走，刚迈出门第一步，不是想着外面的世界有多宽广，而是希望父母能从后面一把拥上来，低声告诉我："我们懂你。"

后来住了宿舍，和同学有了摩擦，有些话说到一半便咽了回去。因为我们已经开始知道如何保持自尊，如何维持我们与外界的平衡。因为如此，我们开始发电子邮件，在QQ上交网友，学会扔漂流瓶。当微信能够通过摇一摇就认识身边的朋友时，我们已经忘了几千米外有可能成为我们朋友的人。我们轻轻松松就能交换照片、连线视频，已然不会再通过文字或聊天先走近一颗心，再认识一个人。

当你一个人静静待着的时候，试着想一想，我们之所以在"希望被理解"中有极其强烈挣扎摆脱的欲望，究竟是因为什么？

记得刚上小学的时候，我和院子里的伙伴们玩不到一两个小时，他们的父母就会用各种各样的方式催促他们回去。有一天，一个小伙伴经过我和其他人时，特别大声地说："我妈说不让我们和刘同玩,他成绩差,还有传染病,和他玩会变坏的。"我至今仍然记得大概五六岁的我,如何眼睁睁地看着那些伙伴一个一个找着借口离开的样子。我成绩确实不好,所谓的传染病是因为我小时候常常发烧,但完全不会给他人造成任何影响。可是,因为那样一句话,18岁之前的我,总觉得自己低人一等,被人瞧不起。而我父母从未察觉出这一点,他们只会说:"为什么人家都不跟你玩,不就是因为你成绩差吗?"

我从不敢主动问他们关于自己"传染病"的事情,我怕问了,他们的回答会让我更确信自己的不好,会更难过。所以我在很多年里一直都用"成绩不好"的幌子骗自己。就像很多人一样,固执地相信别人说自己不好的地方,从不正视自己的优点——因为我在乎我小小世界里的每一个人,所以我真的相信他们说的每一句话。只是没有想到,世界并不一定这样对我们。

所以我常常会很羡慕那些面对欺骗和伤害能淡然一笑的人,就像呼吸吐气一般自然。我多想能像他们一样潇洒,挥挥手,没有人能伤害到自己。因为羡慕,所以总想学习。因为总也学不会,所以反而更为焦虑,觉得自己不如别人完美,觉得自己人格上总是缺少那么几块,不敢想象如此的自己究竟要如何面对未来。自信心就这么一点儿一点儿丢失,像沙漏,匀速下滑,无能为力,心中那一块自卑微微地下坠,也像黑洞,吞噬着也丢失着所有的年轻的勇气,直至消失殆尽。

有的人,当信心完全失去时,连抬起头端详这个世界的兴趣都没有,一辈子低着头沿着山脚就能走完一生。其实我们历尽千辛万苦登上山顶,并不是为了欣赏全世界的风景,而是为了让全世界的人看到自己。如果你一直低着头,谁能看得清你的脸?

  初中时,我留着长长的头发,不敢与人对视,刘海也留得长长的,遮住眼睛,觉得很有安全感。我以为当我看不见这个世界的时候,这个世界的人也就看不见我。直到有一天,我看见一个和我一样的人,消瘦的脸,满是青春痘,头发遮住额前,像个飘浮的游魂走来走去。他的确不在意任何人的眼光,但我们所有人却都能看见他,并有意无意地和他划清了界限。我们年少的时候总喜欢特立独行,用无所谓的态度去对待本该认真对待的东西,以为这样就可以与众不同。其实,这只会让我们离真实的世界越来越远。

  第二天,我立刻剪了寸头,虽然难看,却避免了让全校人很远就指指点点。刚开始特别不习惯,感觉整个人的五官完全暴露在了别人面前。可是,人长一张脸不就是为了让别人记住你吗?无论再狼狈,再难堪,再兴奋,再感动,我只有扬起自己的脸,你才能知道我是诚心实意在道歉还是百分之百在感谢。你看得到我,你才能明白我的喜怒哀乐;你看得到我,你心里才会一直记得我。

  后来我发现,当我迎头而上的时候,误解的声音似乎渐渐变小,就像逆水行舟,一开始总是很慢,但当船正常运行时,阻力自然就会小很多。现在回头来看,你不需要立刻被理解,也不用着急去妥协。时间能证明一切。只是年轻的我们,还不认识"时间"这位朋友,所以才会遇见麻烦就着急地下结论。

人与人的关系不是数学公式,非黑即白。不能被理解的,只要你坚持下去,时间长了,别人自然就能理解了。你不妥协的,只要你有理有据,时间长了,别人也自然会尊重你的想法。只是我们常在一开始就为别人而改变,久而久之,你变得不像自己,变得连自己都认不出自己,那怎么还能指望别人认得出你呢?

既要速度，也要温度

有一种孤独是
下定决心选了一条要走很久的路，却发现是个死胡同。

有时继续走是因为勇气，有时一直走是因为惯性。
区分两者最好的方式就是停下来，看看四周，掠过疾风。若熟悉，只能改道；若陌生，继续探寻。

将近两个月，没有记录下任何文字。
硝烟散尽，除了一地搏命得到的废弃弹壳，什么都会忘记。

其实并不是不想记录，也不是没有时间记录。
而是事情发展得太迅速，应接不暇，来不及感受就被海浪带来的泡沫所淹没。
试想我40岁的时候，也许会感叹，那时那个年轻的大叔正在进行人生巨变的转折吧。他焦虑地对待任何一个工作的机会，没有多余的时间思考，研究每一期台本，把要说的话一字不漏地写在纸上。有人问他:"你怎么可以用那么快的语速说那么多言简意赅的话?"他想了想说:"因为……我……都……写下来了嘛……哈哈哈。"

我记得大一的时候,竞选团支部组织委员,我花了一个月的时间打腹稿准备宣讲。一个月不怎么说话的我,在那一晚大出风头,算是真情实感,句句动人。上铺的兄弟苏喆对我说:"真厉害,平时看你话不多,还挺有想法的嘛。"然后我讪讪笑着回答:"咯,随便说的。"同学更讶异了:"原来你那么牛,随口都能说那么多话。"我很认真地看着他的脸,回应道:"嗯!"

同学们散尽,就剩我一个人狂喜,觉得用这样的方式骗到别人了,别人一定会觉得我很不一样,肯定特别有范儿,特别好吧。

我总是羡慕有同学在考试满分后,告诉别人:"我没有复习。"后来,后来的后来,我变得和他们一样了。

你总会在不经意中变成你曾经不喜欢的那类人,你也会不经意地告诉自己:其实,这种感觉也没有那么糟糕嘛。也是在经过了时间之后,你才明白:有时我们天然不喜欢一个人,是因为我们与他们离得太遥远;有时我们天然喜欢一个人,也是因为这种感觉——人最矛盾的地方就在于此。

以前有大把大把的时间和同事坐在会议室里,细细地、天南地北地聊天。客户的需求,节目的内容,又羡慕起哪个节目创意,又爱上了哪个新开的餐馆。后来，这些看似细微却在支撑着生活真实的部分，日渐式微。以至于今日再与朋友们相见或聊天时，会感慨起那种清闲来。

交谈，无论是与他人，还是与自己，都是弥足珍贵的。

而近日，近日的近日，反反复复，都是刻意重复，顶多是掺兑了不同的温水，散发出来的雾气，让我和对面的人，都觉得彼此显得挺美罢了。

老板曾说："有的人之所以能一鸣惊人，因为他蹲在那儿观察了太久。而之所以有'一鸣惊人'这个成语，就意味着，那'一鸣'的'鸣'究竟能有多大。"

我每每和她聊完天走出办公室，总恍惚觉得自己仍在校园中，一直在学习和检讨。我爸总说我的成熟度不像 30 岁的人，像 20 岁。我说我 20 岁的时候装成熟，现在装幼稚也是为了要平衡。

其实成熟与否，不在于你的穿着、打扮，甚至也不在于谈吐，而在于你周围的这些朋友如何理解"成熟"这个概念。如果你能把自己当成团队一员，算你成熟。如果你敢承担责任，算你成熟。如果你为了大家可以扮丑、放下面子、拉下身段，算你成熟。成熟不是引经据典，不是人脉广阔，不是谈吐得体，如果要算的话，算大方就好。

《谁的青春不迷茫》，25 天加印到了 40 万册。

有记者老师问："所以，现在的你是不是就不迷茫了？"

我的回答是："以前迷茫，是觉得四周与前方太黑暗。现在迷茫，却知道皮肤上有温度，雾中有阳光。"

对于《谁的青春不迷茫》这本书，有人写了很长很长的微博分享感受，有人拍了照表示感谢。当然也有人略感失望，认为这不是他想象中的那样。

有人说，这是十年的对比，每个字、每句话都有自己的影子。能通过《谁的青春不迷茫》找到那么多有共鸣的人，我真心觉得自己十年前的无心之举，居然在十年后成了一件那么正确的事情。

也有人说这不就是一个人的十年日记嘛，今日的回顾，并没有任何明确的指引。其实我也觉得挺好的，因为他们的青春并不迷茫。

莎莎给我分享了一段安妮宝贝的采访。

她说："我们在生活中很难获得一种坦诚和真实的沟通，因为这需要同等的对手。但在写作中可以得到，因为你可以自己和自己说话。而同时你知道，当你跟自己对话时，这些坦诚而真实的语言，会被很多人分享，他们能从中找到属于自己的那个部分。"

以前，当人们都走得很慢的时候，一切景色就像雕塑，我们甚至记得住每一处细枝末节的弧度。后来，走得越来越快，一切景色被拉成了一丝又一丝，像仅有色彩的射线，我们记得的只有速度，而无温度了。

如果一个人只有速度，而无温度，那就不是一个活生生的人了，而是雕塑。

其实雕塑也没有什么不好，最近娱乐新闻里总说哪个明星在杜莎夫人蜡像馆与自己的蜡像合影了，然后一群记者咔咔咔咔咔。记者问其中一个明星："你知道杜莎夫人蜡像馆的历史吗？"明星愣住，摇摇头，说："不就是做一个一模一样的人吗？"

然后记者解释："法国大革命期间，杜莎夫人需要第一时间找到被斩首者的头颅，被迫为他们制作模型，然后带到全国展出。20世纪的杜莎夫人蜡像馆在经历了熊熊大火、地震以及空袭炸弹后依旧存活了下来，还原了大量历史人物的面貌。不仅仅只是为了给明星做模型而已。"

如果能做一尊有历史的雕塑，其实也不容易。

2014.4.25

只是希望被记得

有一种孤独是

你和大多数人一样时,觉得孤独。当你和大多数人不一样了时,仍然孤独。

因为不想写出和大多数人一样的答案,所以在 3 + 5 的等式后,将 8 改成了 ∞。

因为不想和大多数人一样被看待,所以会去喜欢的女生那里惹事。

因为不想得到和大多数人一样的评价,所以喜欢上课向老师提出各种问题,虽然有些问题自己也不明白为什么要问。

因为不想和大多数人一样活着,所以读大学时每天写东西——只因为喜欢的女作家说:我用写作来区别自己和别的女人。

因为不想和大多数人看一样的风景,所以宁愿走五站路,也不愿和同学乘同一辆公交车。

因为不想和大多数人讨论一样的无聊话题,所以永远戴着耳塞,听不同的音乐,进入不同的世界。

因为不想和大多数人一样在同一个地方生老病死,所以能走多远就走多远,哪怕漂泊着,也比白活着、等着死要好。

在不想和大多数人一样的路上,每个人都在极力地探索。

因为不想和大多数人一样被瞧不起,所以他在一段时间里总是会说:"我哥认识很多人,很多很多人。"

因为不想被人知道他几乎从未泡过酒吧,所以他会装出一副很过来人的样子说:"我不能泡酒吧,因为过去去得太频繁,所以现在不能看过于闪烁的灯光。"

因为不想和大多数人一样在恋爱中被忽视,所以会说曾经的交往对象对自己有多么多么好。

因为不想和大多数人一样去历经爱情的褪色,所以会刻意在皮肤上文上心上人的名字,提醒自己记住此刻爱的决绝,哪怕很久很久之后会刻意掩饰。

无论是他还是我,我们都曾在这样的成长过程中擦肩、会心微笑而过。

不记得是你是我还是他或她,我们轻易就会头晕,然后捂住胸口说自己心脏不太好;说自己不能吃太多海鲜,因为高蛋白过敏……

我们怕和别人一样,于是我们努力让自己和别人看起来不一样。

因为当自己看起来和别人不一样的时候,也许就是你能记住我的时候。

为了让自己被人记住,我们一次又一次在内心塑造一个不像自己的自己。

比别人更坚强，比别人更能伪装，比别人更能委屈自己，也比别人更柔软。直到有一天，遇见一个人，他说："不要太辛苦，做你自己就好。"

你会有突然被戳中的感觉，一切的较劲都被这句话给卸了力。

每个人都会经过"我只是不想和大多数人一样"的阶段，渐渐你会发现，其实我们都一样，一样全力以赴追逐梦想，一样在迷茫中成长，一样承受孤独看荒芜的世界，一样受伤也伪装坚强。我们一样被自己蠢哭过，我们一样经常换头像，我们一样吃完方便面还想喝汤……

当初我们以为只要自己不一样，就会吸引到全世界的目光。后来我们满世界寻找，寻找的却是和自己一样的那个你。

其实我们都一样，一样想和大多数人不一样。

扫码收听 本章歌单

李欢,我是杨桐。
你放心吧,我会陪你一起坐 K600 来北京。
现在我对北京很熟,
也会带着你到处逛,
你想去的地方都可以去,
天安门、毛主席纪念堂、长城、故宫、颐和园。
想吃的烤鸭和驴打滚都可以吃。
我还会带你去北京最高的楼。
你肯定不会失望的。

新增故事

你的孤独,

虽败犹荣 ……

你的孤独，虽败犹荣

你见过真正孤独的人吗？真正孤独的人是怎样的？
我觉得李欢就是我见过接近真正孤独的人。
他是我的初中同桌。

杨桐 2020/4/6

引子

1998 年秋天。

13 岁的李欢一动不动地躺在操场角落的石阶上，身上盖了一条床单。

我站在他旁边，悲伤的情绪压得我喘不上气。

操场很安静，只有风声，呼呼作响。

我张了几次嘴，却说不出话。我试着一步一步靠近李欢，想再摸摸他。

这是我童年最好的朋友，也是我的同桌，就这么躺在我的面前，停止了呼吸。为什么我一句话都说不出来，甚至连眼泪都流不出来？我很懊恼，难道我和李欢的关系就那么浅薄吗？我急需大哭一场来证明我和他之间的友谊。

无论我怎样做着狰狞的面部表情，就是挤不出一滴眼泪，脸都憋红了。

我想也许是因为我不够投入，于是就走上去一下趴在他的身上，想感受那种痛彻心扉。

我一趴上去，李欢"哎哟"了一声，立刻弹坐起来。

"你要吓死我？！"

"不是，我在酝酿情绪啊。"我很无辜。

"算了，算了，我算看出来了，如果我死了，你根本就没话跟我说，你脸上怎么一滴眼泪都没有？！"李欢很失望。

"不是……因为你没有真的死，所以我根本就没有办法投入。"我急忙解释。

"你可以不哭，但是你总要说点儿什么吧？比如我在你心里是个什么样的人，你很难过失去了我什么的？这些不会说？"李欢循循善诱。

我思考了一下，说："那就再来一次。"

李欢说："你认真一点儿，我真的很想知道如果我死了，我最好的朋友会怎么评价我。"

我点点头。

"李欢，你是我最好的朋友，你带着我逃课，带着我打游戏，带着我看漫画，你让我看到了一个不一样的世界。老师说安排我们做同桌是一种错误，但是我觉得这是我人生最幸运的事情。因为和你做了同桌，我就不能和别的女孩做同桌了，就不会被开那些奇怪的男女玩笑了，虽然他们也会开我俩的玩笑……"我用十分悲伤又蹩脚的演技对我们的关系进行着悼念。

李欢躺在那儿，把床单一掀："停停停！算了。我越听越觉得我的离开对你的人生是一件好事。"

我们从操场最里面的台阶转移到了双杠。

操场的双杠上，我和他横躺在上面，看着天空，想大海，想一头扎进去。

"你好奇怪，为什么想知道自己死了之后别人的看法啊？"我问。

"奇怪吗？不奇怪吧？因为我想知道别人是怎么看我的。你没想过吗？"李欢反问我。

"死了之后？我不敢，我怕死，不敢想。"我连忙摇头，沉默了许久。

"杨桐，如果我真死了，你会怎样？哭？难过？一个人躲起来？"李欢问我。

"你为什么要死？你可别做傻事啊！"我一愣。

"哎呀，我当然不会去死，我只是问你这个问题啊。"

"如果你死了，那我就去集齐七颗龙珠，把你复活。"

李欢突然笑起来，拍了一下我的后脑勺："你都初一了，怎么还那么幼稚。"

上课铃声从教学楼传过来，李欢和我从双杠上一跃而下，背着书包朝教学楼跑去。

如果不仔细回想，我都忘记我和李欢是如何成为最好的朋友的了,毕竟初一报到第一天我俩成为同桌时,我是不喜欢这个人的。

1. 我和李欢是如何成为好朋友的

初一开学,报完到大家纷纷走进教室找自己的座位。

其他同学都是一男一女做同桌,只有我和李欢是两个男孩坐一起。

发现这一点时,大家都笑我们。

李欢伸出手对我说:"以后请多关照。"

我伸手也不是,不伸也不是,前后座的同学笑得要死,我越发尴尬。

李欢把手缩了回去,拍了拍我的肩说:"没事,别尴尬,我叫李欢。"

李欢和他的名字一样,没有任何青春期的烦恼。

上学迟到,站起来回答不出老师的提问,考试总不及格,他一点儿都没往心里去。他上课睡觉时,我发呆地看着他。我羡慕他可以毫不在意老师和同学的看法,自由自在,同时我又对此忧心忡忡,他这样的人,怎么读高中,能考上大学?他的人生又会是怎样的呢?

一次班会,同学们都在讲台上发言说自己的理想。上台的同学想成为记者、医生、警察、科学家……李欢看着他们低声问我:"你长大了想干吗?不会也是记者、医生、警察、科学家什么的吧?"

我捏紧了自己的发言稿,我的发言稿上写的正是自己未来想成为医生。

我说:"怎么?记者、医生、警察、科学家不好吗?"

他说:"不是不好,而是大家都觉得好,感觉是大家的理想,不是自己的理想。"

那时我们初一,李欢这句话特别拗口,我脑子里反复消化了好几次才理解,他的意思是每个人要有自己真正的理想,而不是去说一个大家都觉得好的理想。我确实不喜欢医生这个职业,因为我爸妈都是医生,每天加班,我总吃剩饭,很烦。

他凑过来,想看我的发言稿。

我往抽屉里一塞:"我的理想是当厨师。"

他笑了:"什么?为什么?"

这时老师喊到我的名字,让我发言。我走上讲台,酝酿了半天,完全忘记了发言稿的内容。我想起了李欢刚才说的那句拗口的话,就说:"我想当一名厨师。"全班笑了起来,李欢也笑了。我站在讲台上,明显感觉到其他人的笑和李欢的笑不同,其他人是嘲笑,李欢是开心的笑。我说:"我父母是医生,所以常加班,我总吃前一天的剩菜剩饭。如果我是厨师,不仅每天可以吃到自己想吃的东西,也能让爸爸妈妈回家后吃到好吃的。"说完,我都被自己感动了,大家的嘲笑停了,我觉得他们也被我感动了。

老师说:"虽然杨桐的理想和大家的不一样,但这是他发自内心的感受。虽然不推荐,但是很真诚。"

我回到座位上,李欢向我竖起了大拇指。

没过两天,老师找到我爸妈说我的思想有点儿问题,成绩那么好，但想当厨师，恐怕对我的未来有影响。老师还帮我父母分析说我可能是被李欢影响的，他的理想是当火车司机，只是因为可以不买火车票就去北京。

那天之后，班上同学就给我和李欢起了外号：厨子和马夫。我超不爽，李欢却说："没准过了三十年，我们都把别人的名字忘记了，但别人一定记得马夫和厨子这两个外号。我们永远活在别人心中嘛！"

后来，我和李欢熟悉起来，我就问他："你明明和我们一样大，为什么说话总是好像一个老人？"他拍拍我："厉害，因为我奶奶每天都是这么教育我的。"

"你爸妈呢？"我问。

李欢的脸突然扫过一块乌云，但稍瞬即逝："我爸妈和你爸妈差不多，他俩做生意，没时间管我，所以我和奶奶生活。他们就负责给钱就行。"

我看着他，一副羡慕的表情："如果我父母不管我，只给钱就好了。"

他却说："呸呸呸，别这么说。"

开家长会，李欢特别怕奶奶生气，奶奶却说："成绩好有什么用？你爸成绩从小就好，你看现在做的是人做的事吗？又是打架又是离婚，还让咱俩相依为命，钱也没给多少，你说成绩好有什么用？善良才有用！你善良就行。"

考试试卷需要家长签字，奶奶让李欢自己签。李欢说不行，老师发现了会骂人。奶奶说："你考得又不好，还让我签字。老师就是诚心气我，我身体本来就不好。我看啊，试卷就不应该让家长签字，考得好不用签，考得差更不用签。"因为这些，我先喜欢上了李欢的奶奶，而让我对李欢的印象真正有改观的事，是我俩打输了一场架。

从学校到我家有两条路：一条大路、一条小路。大路人多，但比小路要多走 10 分钟。小路偏僻，但离学校近，一般赶时间我就会从小路走。那天我急着回家看动画片，就从小路走，没想到偏僻的角落里突然冒出三个小混混，也就十几岁的样子，要搜我的身，说是盯了我好长一段时间，每天来等我，等了七八天我才出现，如果不让他们抢到一点儿钱，就打死我。我吓得不行，赶紧把书包打开，打算将爸妈给我的一周的中饭钱交给他们。掏钱时，我还安慰自己："人家等我等了七八天，够辛苦，换我等别人，早就气炸了，哪里还能心平气和……"

我正准备把 5 块钱给他们，突然，李欢出现了，他一把抓住我的胳膊："别给，收起来。"李欢比我高点儿，但也挺瘦。三个混混一看有人坏事，就走近李欢，想用嚣张的气焰吓倒他。李欢二话不说，抓住个子最小的那个，直接一拳上去，一边打，一边喊我："别管另外两个，我们打死这个小的。"我和三个混混都没见过这样的打法，小个子混混不停反抗，李欢挥拳如雨，两个大个子不停去拉他踹他，脚脚到位，但李欢根本无所谓，完全不管，继续猛揍小个子。我一看这个场景，立马血脉偾张，把书包脱下来放在手里当武器，也开始往小个子脸上猛甩。其中一个大个混混开始揍我，我把书包甩得乱七八糟，也被他揍了几拳。李欢渐渐处于下风，被推到墙边，一大一小两个混混联合揍他。他看准机会，抱紧小个子，死不撒手。小个子哀号："你们别打他俩了，快帮我弄开！这小子疯了。"

李欢凭一己之力赶跑了混混，却也被揍得鼻青脸肿。

他问我："你没事吧？"

"早知道我俩都会被打那么惨，给他们5块钱不就好了。那么痛，难道还不值5块钱吗？"

"你太幼稚了。"他摇摇头。

"啊？"

"如果今天他们在你身上抢到了5块钱，以后没钱都会来找你。今天我们打了一架，他们还敢来吗？他们不敢了，抢你这5块钱还不够麻烦的！"我立刻觉得他说得好对。

"果然成绩好有好处。"李欢嘟囔。

"怎么了？"

"你看我不读书，书包里啥都没有，打架都没有武器。我刚看你把那书包甩得跟流星锤一样……以后我也要多读书。"

我第一次听说读书是为了打架，但因为是李欢说的，我觉得还蛮有道理的。

我就跟他说："为了谢谢你，那我来教你。"

2. 原来李欢是李荒

李欢并不擅长学习。

一道题我讲半天，他也不明白，说着说着，他就开始和我聊别的。比如，我正在跟他解释什么是系数什么是次数，他突然问我："你孤独吗？"

？？？

我才初一！我为什么要孤独？孤独不是成年人才会有的感受吗？

他看我一脸蒙，继续说："孤独就是指这个世界没有人在意你。"

我摇摇头。

"你不觉得自己孤独？"

我点点头。

轮到他摇摇头了："你还太年轻，不懂一个人存在的意义。"

我一愣："什么存在？存在什么？"

课间，前后桌的同学正在讨论"你以前是哪个小学的？""你的书皮是哪里买的好漂亮哦！""你家养了狗吗？我家的狗叫盼盼"，而李欢却在问我"你了解自己吗？"。我陷入了沉思，这个同桌是不是精神上有什么问题？他从抽屉里拿出一个瓶子，很神秘地小声问我："你猜这是什么？"

那是一个白色的塑料瓶，他把盖子打开，里面是白色的药片。他看我很无知的表情，继续悄悄说："这是安眠药，今晚我爸妈会来奶奶家看我，我打算吃安眠药自杀一下！"

"什么！你要干吗？"

周围的人停下来看着我们，李欢立刻把安眠药塞进抽屉，若无其事地说："我知道了，单项式中所有字母的指数的和叫作它的次数。"大家又纷纷聊起各自的狗、漫画和最喜欢的港台歌曲。

他诡异地笑了笑："嘘，你放心，不会有事的，自杀只是手段，被关注才是目的。"

那天我整个人都魂不守舍，总想告诉老师李欢想要自杀，但每次跟在老师背后走了一段又无法鼓起勇气，觉得自己辜负了李欢的信任。

周五放学，我对李欢说："你千万不能死，我只有你这么一个朋友啊，我真的会哭的。"

李欢拍拍我的肩膀："你放心好了。"

这一晚我没睡着，对着电视却一个画面都看不进去。周末也哪儿都没去，我怕一出门就会听见李欢的死讯。

周一，我早早地蹲在十字路口看着来往的人，时间一分一秒过去，李欢的身影果然没有出现。我眼眶不禁红了，我就这样失去了我最好的朋友。

泪眼蒙眬间，李欢像孤魂野鬼一样飘了过来，我哭得更凶了。

他飘到我的面前，不带任何情绪地说："你哭什么？快走，迟到了。"

"原来你没死！我是太开心了，就忍不住哭了。"

"我没死成。我怕自己吃完一整瓶就真死了，就在他俩来之前吃了五颗，想吓唬他们。第二天早上醒来，我奶奶告诉我他俩没来。"

他假装毫不在意，但我却听出了很深的失落。"我爸妈"变成了"他俩"，还有比这更令人难过的事吗？

他希望被人关注，却越发被人忽略。

李欢往学校走，低着头，背影很落寞，我似乎突然明白了什么叫孤独。

3. 选一个逃离的目的地

1999年,初二的秋天,飞鸟往南,涌起的风带着凉意,偶有一丝炙热。

这次假自杀就像往平静的初中生活中投了一块石子,漾起了几层波纹便恢复了平静。虽然他还是如往常那样说笑,冷不丁儿地问个超出我们年龄大纲的问题,但我也明显发现他走路的步伐似乎更沉重了一些,说话的语速也似乎慢了那么一些,以及说出来的问句更像是在问自己。

我们放学回家也换了一条会经过火车站有天桥的路。

每次路过,我俩便会站在天桥上待一会儿。

南来北往的火车拉着汽笛,转个弯就消失在了轨道的尽头。

"你坐过火车吗?"李欢问我。

"嗯,去广州。"我点头。

"我没坐过。"

"咯,其实也没什么意思,很累的,而且很闷,空气不好,上面的饭很难吃。"我赶紧解释坐火车也没什么好的。

"杨桐,你这么说完我更想坐了。"

"……"

我觉得自己真不擅长撒谎。

"我奶奶说等我挣钱了,就带她去北京看看。她没去过,她想看天安门,想看毛主席,想爬长城,想去故宫、颐和园,想吃烤鸭和驴打滚……"

"是你自己想去吧?"

"嗯,我也想去,我奶奶和我想的差不多。"李欢眼里放着光。

"那以后一起去吧,我想去北京读大学。"

"对哦,如果能考到北京读大学,那我就能更早去了。"李欢好像发现了什么秘密。

"但你这个成绩,老师说考上大学有点儿难。"我试探性地打击他。

李欢撇撇嘴:"那是因为我不知道读书是为了什么,如果我早知道好好学习可以去北京,那我早就努力了。"

"次数是什么?"我突然问。

他顿了一下,很潇洒地告诉我:"单项式中所有字母的指数的和叫作它的次数。"

"你可以啊。"

"有的人是学不会,我是不想学。"

李欢总能三言两语就把一件事情说得很清楚,我好佩服他。

一天放学,他很神秘地说要带我去一个地方。

那是我人生第一次进电子游戏厅。

他带我站在不同人的身后:"你看,人家怎么操作的。"

飞机射击游戏、格斗游戏、打斗通关游戏、弹珠游戏、麻将游戏……我震惊了,原来在我不知道的世界,还有这么多新鲜古怪的玩意儿。

李欢问我想不想玩。

我说想。

他从兜里掏出5角钱,去柜台买了两个币,一人一个。

我什么都不会,把币拽在手里,怕浪费。

李欢说他玩飞机游戏给我看,他操作的飞机在各种敌机和子弹中躲闪。我眼花缭乱,但他十分镇定,哪里会有子弹,敌机从哪里出来他都提前知道得很清楚。一关、两关、三关,他轻松就过关了,因为玩得好,我们身边就慢慢聚集起很多小孩。

李欢看我很想玩,就说:"一共三条命,我如果死了第一条,你就玩第二条命,我再玩第三条命。"

我紧张起来,希望他立刻死掉,这样我就能玩了。但我又希望他永远不死,这样我就不会出丑了。我的心情很复杂,跟屏幕里敌机的枪林弹雨一样。

随着关卡的进展,难度越来越高,李欢操作的飞机在各种子弹中躲来躲去,围观的人发出"噢"的惊叹声。李欢左手轻轻推了推操作杆,将飞机挪到一个定点位置上,再将左手拿开,右手不停地摁射击键。屏幕上的飞机大Boss不停吐出火舌电光,满屏的子弹朝李欢的飞机涌来。我的担心提到了嗓子眼,李欢突然扭过头看着我:"你看,我不用看屏幕也可以的。"

围观的小孩"啊啊啊"地叫起来,他们比李欢还投入。

奇妙的是,所有的子弹都从飞机身边擦过,仿佛那就是一个黑洞,任何子弹都会被吸走。

"你怎么做到的?"

"咯,我发现有个人很厉害,他知道所有的关卡设计,知道飞机躲在哪里不会被打到,我就总等着看他玩,就记下来了。"

"那你这么玩游戏还有什么意思嘛?"我很疑惑。

"你们觉得我很厉害,我就觉得还蛮有意思的。"李欢也不掩饰。

我明白了,李欢在用新的方式去找存在感,我以为他已经放弃了,但他还在对抗。

我说:"不好意思哦,如果你不把第二条命给我,你还可以玩更久一点儿。"

"没事,没事,每个人都有适合自己的游戏,等你找到你那个游戏,你肯定会很厉害的。"

还没等我厉害起来,我和李欢就在游戏厅被校长抓到了。

因为是第一次,所以校长批评了两句就放我们走了。

第二天放学,我和李欢对视一眼,决定继续去游戏厅。校长昨天只是偶尔路过,毕竟他忙得很。没想到,我俩又被校长抓到,又是一顿批评。校长说,如果还有第三次,就告诉班主任,要全校批评。

第三天,我俩经过游戏厅时,迟疑了一下。

李欢说:"有句话怎么说来着?最危险的地方就是最安全的地方,校长应该不会觉得我们那么蠢吧?"

我思考了一下,认为李欢说得有道理,一般的正常人哪能在被威胁之后,连着三次去同一个游戏厅呢?

我俩刚掀开帘子走进去,就发现校长坐在游戏厅的长凳子上看着我和李欢。

"……校长真不是正常人的思维。"

"……可能咱俩才不是正常人的思维。"

升旗仪式上,我和李欢被点名批评。

我特别抬不起头，李欢安慰我打游戏又不是什么见不得人的事，别那么心虚。

我跟他说："不是因为打游戏，而是……唉……"

直到班主任让我妈来学校，我妈听完之后，特别来气，不停地戳我的脑袋："你说你学习累偶尔打打游戏就算了。你说我和你爸工作忙，放学了晚点儿回来也行。你怎么能连着三天都被校长在同一个地方抓到呢？你到底有没有脑子？"

我一下就被戳醒了。

我对李欢说："咱们聪明反被聪明误，不如笨一点儿，走远一点儿，去别人学校旁边的游戏厅，就没人认识咱们了。"

后来我们就再也没有被抓到过了。

李欢说的是对的，我玩飞机游戏不厉害，但是我玩格斗游戏很厉害。李欢恰恰相反，玩起格斗来就手忙脚乱。

他每次都会夸我："你真的很厉害啊，脑瓜子很好使。"

他喜欢看我和人格斗，无论我是输是赢，他都站在我的身后给我加油。

游戏币不便宜，两毛五一个，我和李欢常常捉襟见肘。突然有一天，李欢对我说："以后玩游戏不用愁了。"果然，之后每次买游戏币都是他买。我问他钱从哪里来的，他说他父母没时间管他，觉得愧疚，就每个月给他一笔生活费，让他自己管自己。

我说你爸妈还真挺好的。

他说是啊，他和奶奶都没想到。

只是，这样的好日子没过多久，一个周末我在游戏厅等他，等了半天他都没来。

李欢是个很靠谱的人，从我们做同桌开始，他就没有放过我鸽子。我等了他大半天，决定去他家找他。还没到他家，就发现他靠着路边的墙坐着，一看就被人打过，鼻青脸肿的。我连忙问怎么了，他淡淡地说遇见了上次的小混混，他们看他一个人就联合起来揍了他一顿。我很不好意思，觉得是自己害了他，就要扶他去我爸妈工作的医院。他说没什么大碍，休息一天就好了。我要扶他回家，他也不愿意，说怕奶奶看到会担心。

"但你总要回家的，总会被发现的。"

"等天色黑一点儿再回家，奶奶视力不好，家里也暗，那个时候回去就行。"李欢嘿嘿一笑，然后龇牙咧嘴地喊了一声"好痛"。

于是我就陪他坐在墙边，过往的行人都用异样的眼光看着我们。我低着头不好意思，李欢看出来了，就说："你走吧，不用陪我了。"

"要不我们换个地方休息吧？"

"好痛，我懒得动，休息一下差不多能量就恢复了……你是觉得我们这么坐着，被人看，觉得丢脸是吧？"

我很厌地点点头。

李欢说："这个好解决。"

于是路边的墙边多了两个用校服盖住头的少年，我们躲在各自的衣服底下吃吃地笑，数着行人的脚步，看着天色变暗。

这是我青春里最特别的一段回忆，也是我记忆中李欢在初中最后一次笑。

第二天，老师把李欢叫到办公室大声呵斥，教室里都能听见。大家都说李欢惨了，直到我被老师叫到办公室，我才知道原因。

李欢买游戏币的钱并不是爸妈给的生活费,他的父母早在他小学时就离婚各自组建了家庭,他被判给了爸爸,但爸爸借着上学方便的借口,又把他扔给了奶奶。父母根本就没有管过他,买游戏币的钱是他去工地偷脚手架的十字扣卖给废品站得来的,一块五一个,他偷了十几个。我看着李欢,他回避我的眼神。我知道他并不是因为偷了东西愧对于我,而是我又一次知道了他被父母无视。他的世界里没有父母,所以才会问我觉不觉得孤独。他不过是想虚构一个自己相信的成长环境,却总被现实残忍地捅破。

老师问我知不知道李欢盗窃,我还没开口,李欢说:"他什么都不知道,钱也是我自己用掉的,和他一点儿关系都没有,你们别为难他了。"说这段话时,李欢没有看我一眼。回到座位上,他没理我。我想找他说话,他也刻意回避,放学拿了书包就扬长而去。

同学说李欢要被开除了。

我立刻跟在他后面。我知道他不好意思面对我,所以就一直在后面跟着。他从学校走到中心天桥,从天桥走到北湖公园,从公园走到火车站,从夕阳西下走到月亮升起来。在道口的天桥上,他看着火车远远开过来,又远远开走,而我站在桥下远远看着他。

14岁的人,却有着34岁的人的背影。

多年后他说:"其实那天我很想从桥上跳下去,让那些我讨厌的人自责。你是我最好的朋友,我想如果我跳了,最难过的应该是你和奶奶,所以我想自己可能搞错对象了,绕了一大圈就回家了。"

其实他没有回家，我一直跟着他，穿过了大半个城市，进了某个小区，看他进了一个单元门。透过楼梯缝隙，我看他坐在上五楼的阶梯上，五楼房间里传出孩子的哭闹声和妈妈的安慰声。李欢把头埋在腿上，压抑地哭起来。我瞬间明白了，这是他妈妈的新家庭，他难过的时候就会到这里来，在楼梯上坐一会儿，却不敢敲开那扇门。

突然，六楼有人开门，李欢像被惊吓的野兽般立刻站起来往楼下跑。我躲在另外一侧，看他边跑边擦眼泪，在心里发誓一定要对他好，要带着他一起进步，要一起去北京……

4. 如果每个人的命运都像一款游戏，那李欢的是什么呢？

李欢没有被劝退。

老师知道了他家的情况，可怜他，凑了一些钱帮他交了赔偿。

那之后，李欢就再也没有笑过，仿佛身上披了一张网，随时都能被命运捕获。我再也不让他掏钱了。我跟我妈说早餐喜欢吃面包，每天要吃两个，一共5毛钱。从此我不吃早饭，每天都能攒5毛，留着周末和李欢去游戏厅。他依然喜欢站在我身后看我玩格斗，但他对飞机游戏彻底失去了兴趣，改玩弹珠台了。从一个币只能玩10分钟，到一个币可以坐一下午。他就看着那颗珠子在屏幕里弹来弹去，两只手不停地拍着，分数一直增加，不停地破着纪录。

"这弹来弹去有什么好玩的？"

"就操作它不掉下去,你把它弹得越远越高,它就离结束越远。"

他应该只是在说游戏,但又很像在说命运。

15岁的李欢,操作着弹珠,使劲朝自己想去的方向弹去,碰撞中分数在增加,继而又进入隐藏的关卡。我想他一定很希望自己的人生能像弹珠一样,虽然在外人看起来杂乱无章,但也能靠着自己满满蓄力,破掉很多人的看法吧。只是命运使然,让他空像弹珠,之后的命运一次一次坠入谷底,人生的地图上写着game over,无法呼吸,无法反弹。

进入初三没多久,李欢回到家,奶奶坐在椅子上睡着了。他喊了几句,奶奶没有回应,他便知道,从此他只能靠自己了。

奶奶火化的那天,我一直陪着他。从头到尾,李欢都没哭,等人走完了,他爸问他接下来是要跟自己的新家庭一起生活,还是继续住奶奶家。他很礼貌地说:"我就继续住奶奶家了,你那儿太远,我也不方便上学,而且马上就中考了,我就不折腾了。"

他爸说好,打开钱包给他留了一点儿钱,说有事再联系。

他把钱接过来,点点头,说:"谢谢。"

我在一旁看着,觉得他冷静克制得可怕。李欢目送他爸离去,头慢慢垂了下来。我见他吸了一大口气,然后缓缓吐出来,像是有些东西在心里憋了很久很久。他低着头,眼泪掉落在地上,一颗接着一颗,他很小声地说,不知道是说给自己听还是在问我:"要是真有七龙珠就好了……奶奶就可以活过来了……"我的眼泪也涌了上来,却不知道该怎么安慰他,想了半天哽咽着说:"你之前不是还说我很幼稚吗……"

他正感伤着，听见我这么说突然"噗"了一下，然后抬起头很无奈地看着我："你现在还是很幼稚啊……"

我一头雾水："什么意思……但你真的好厉害，如果是我，早就不知道该怎么办了。"

他讪讪地笑了笑："刚刚我爸给了我两个选择，听完之后，我突然发现自己能听懂大人们的言外之意了。"

"这又是什么意思？"

"以后你就懂了。"

李欢决定对自己的未来负责，我们发誓要一起努力，考上好的高中，考上北京的大学，一起坐着每天都能看见的火车去北京发展。虽然他的基础不好，但胜在聪明，初三学得很不错，中考也不错，分数在市重点分数线上下，肯定能进区重点。

李欢很兴奋，去跟爸爸讲了这个好消息，他爸却说："我现在买房欠了一大笔钱，你读高中、大学还有七年，你本来也不爱读书，不如早点儿进社会吧。我有个朋友是中专副校长，能帮你搞进去，包分配工作，你看呢？"

这又是一次借着讨论幌子的言外之意。

李欢没有选择。

于是，随着初中毕业，我和李欢走上了分岔路。那时我明白了李欢说的"我突然发现自己能听懂大人们的言外之意了"这句话的意思——你没有选择人生的权利，我给你的建议就是你的人生。

初三毕业后的那个暑假，是我们一起度过的最后一个夏天。

他在游戏厅不知疲惫地玩着弹珠台的游戏，我想他一定很想通过自己的努力改变人生的轨迹和方向,我也相信总有一天属于他的人生弹珠会朝着他希望的方向义无反顾地奔去。在人生的分岔口,我朝他挥挥手,从此我去了高中,他去了中专。

5. 我们以为北京是我们的下一个落脚地

2001年秋天。

李欢就读的职业技术中专坐落在小城和县城的中间,鸟不拉屎,两头不靠,光是从市内坐公交车过去就要花两个小时。

从每天待在一起,到各自有了新的人生,我俩都不习惯。

我人生收到的第一封信是李欢给我寄的。信封上的地址只写着市实验高中高一班杨桐(十五中毕业)收。我收到信的时候很惊喜,他并不知道我是哪个班,但敢这么写地址的人也只有他了吧。

从信里我了解到他的生活。

他就读的学校成立没两年,教室和宿舍都是旧工厂临时改的,他学的专业是轴承。教科书上轴承的制作构成参数似乎都不重要,因为老师对他们说:"别打架,别闹事,两年后安排你们去厂里,流水线上不需要知道课本上的这些。"信里还加了很多语气助词,我能读出他的轻松,他说:"大家都说读大学,人生就会很轻松,没人管,我现在读的中专就是这样!上课老师不管,考试直接翻书,大家每天都在宿舍打牌,感觉毫无压力,特别爽。"

而我在信里则告诉他:"市重点很变态,早自习7点半就开始,晚自习要到 10 点,去食堂打饭排队都有人看书。没有人像你一样和我聊天,也没有人说好笑的笑话,大家互相问的问题仅限于书本,没有人问我孤不孤独,我现在真的好孤独啊!而且我们周末都要补课,我没有办法再去游戏厅了,如果你有时间就来看我吧。"

等了好几个周末,李欢真的来学校看我了。

他的样子吓了我一跳,头发很长,像个古惑仔。

"你……怎么留长发了?"

他淡淡地笑笑:"中专报到之前,去了一次理发店,小哥问我要剪多短,我突然想起来上一次我的头发是奶奶剪的,我就想留着奶奶剪出来的这些头发,只是修了修,起码……"他用手拨了拨额头的刘海,笑了笑,"起码这些头发都是从奶奶的剪刀下死里逃生的。"

他应该是想说:"起码这些头发是奶奶摸过的吧。"

虽然我们上个暑期还待在一起,但只不过一个多月没见,他好像完全变了一个人,瘦削,也黑,每句话和每句话之间都是句号,好像随时做好了结束聊天的准备。我俩走到操场,看见双杠,很有默契地翻了上去,横躺在上面。

"你还好吗?"李欢问。

这个问题瞬间让我很心疼他。如果是"你好吗?"或者"你怎样?",我觉得都没问题,但"你还好吗?"却让我立刻捕捉到他并不好的事实。

"你呢?"我反问。

他沉默许久:"还是你先说吧,我就知道自己要跟你说什么程度的不好了。"

"哈哈哈哈!"我又放心了,无论他多惨,他都还是有自己的灵魂的。

"我怕我们不能一起去北京了……"

"怎么了?你不考大学了?"李欢侧着头看我。

"不是不考,而是觉得自己可能考不上。以前在十五中,觉得自己稍微努努力就是最好的,现在在实验高中,稍微走点儿神就是最差的。你知道我们班那些变态有多努力吗?这么说吧,都不提北京的大学每年在我们这儿招多少人,如果明早8点可以开始买去北京的火车票,我的那些同学应该去年就开始在窗口排队了。"

"学习能让人那么快乐?"

"可能是因为赢过别人比较快乐吧,就像你之前说的玩游戏一样。玩游戏不一定快乐,让别人觉得你很厉害比较快乐。"

"我不读高中真是可惜了。"李欢自嘲。

我知道他越是这样洒脱,心里越是难过:"你读中专也一样啊,提早工作,提早挣钱,可以养我。"

"你想太多了,你不是张柏芝,我也不是周星驰。你是个厨子,而我是个马夫啊。"李欢笑起来。

我俩都笑起来,差点儿从双杠上摔下去,原来他一直都记得我那个奇怪的班会理想。

"那你现在想干吗呢?"我很认真地问。

"我也不知道。我就觉得在那过一天是一天,周围的人也和我一样。那你呢?真的想当厨师?"

"哈哈哈，我那时只是不想在你面前表现得很假，就随便说了一个，我也不知道以后到底想干吗，我就想变好一点儿，努力一点儿，别输给别人。去北京吧，去了北京可能就知道了。"

"那我呢？"李欢仰起头看天。

"我不想输给别人，是别人太厉害了；你不输给别人，是别被他们影响了。"我也不知道为什么自己突然说了这句话。

李欢侧过头："你……好的，我也要去北京！"

突然有人在操场边喊我，我跳下双杠，是我的班长，她把我的随身听交给我，说："师傅说你那个固定磁带的指针和齿轮歪了，所以总是卷磁带，让你下次去找他换一个齿轮就好。"

等班长走了，李欢也跳下来："这谁，挺好看的，你喜欢吗？"

我踢了他一脚："就你这德行，还去北京？"

他嘿嘿一笑："我走了！"

我以为人只要下了决定，就能朝那个方向跑过去。其实不是，最起码对李欢来说就不是。连着三个星期我都没有收到他的信，我在想他是不是出事了。

然后，信就来了。

读着信，我很难过，难道李欢就这样认输了吗？

李欢信里说他回去之后，特别努力，想认真学一点儿东西。晚上宿舍熄灯了，他就点着蜡烛看书。室友觉得影响他们睡觉，第二天就把他的书烧了，等他回来，他们还笑，并不觉得做错了什么。他便和室友们打了一架，结了梁子。

后来，为了不影响室友，他不在宿舍看书了，跑去教室看，等熄灯了再翻墙回宿舍，睡觉时却发现自己的床单上被浇了水。

他问是谁干的，大家都装傻。他只能坐在床上靠着墙睡了一宿。

他想弄清楚机械原理，就拿着不懂的地方去问老师。老师看了他一眼，皮笑肉不笑地说："你毕业之后是流水线的工人，不是工程师。你搞懂了，也没有用武之地。"

还好他在最后写："你说得对，我不能输，我不能被周围的人给看扁了。"

我给他回了信，抄了一大段高尔基《海燕》里的内容。海燕是如何对抗暴风雨，又如何从乌云中钻出来。如果我们不幸遭遇人生的暴风雨，那就要努力成为海燕，而不是被席卷的一朵乌云。

之后，我没有再收到李欢的来信了。

他不是一个会放人鸽子的人，我想他最惨不过是被人打了一顿，正靠在街角墙边休息，等熬过这些天，又是一条好汉。只是我不能再像初中那样去找他，陪他靠在墙边舐伤。他一个人，应该没问题吧？

再见他时，我已经高二。

他在校门口站着，我远远地便看见了他。

他长高了不少，还是一样瘦削，头发更长了，到肩膀。

他看见我，眼睛一下亮了。但因为我身边有同学，他也就没有走过来的意思。

我大声喊了一句："李欢！"

他跟我挥挥手，笑了起来。

同学说："你还认识小流氓？"

我呸了一句："我哥。"然后就跑了过去。

有太多的话想说，有太多的问题想问，以至于我不知道如何开口。

他也是。

我们就像两个智障,除了笑着看对方,谁都不知道该怎么正式开口。

他突然从斜挎包里掏出一个袋子给我:"主要是给你送个东西。"

我很疑惑,打开一看,是一个Sony随身听。

"上次那女孩不是说你的随身听齿轮坏了吗?我就想着给你换个好点儿的。你妈那么抠,肯定让你修。"

我半晌说不出话,上次他明明是在调侃我们班长长得好看,问我喜不喜欢,他的注意力不是在班长身上吗?怎么会知道我的随身听坏了?他看我愣住,轻松地说:"收下啦,你上次不是让我有钱了养你吗?"我很感动,我的随身听真的已经坏掉,而我妈真的不给我买,让我借同学的用!我拿着那个Sony,特别认真地端详了好几眼,确定真的是Sony,而不是Sany之后,本想认真问他这东西怎么来的,但一开口就变成了调侃:"这不是偷来的吧……"

李欢脸红了,不知道该说什么,我心一沉:"真的是你偷的?!"

他急了,又从挎包里翻出一张纸在我眼前晃了晃:"你这人!我有发票的!但我不想给你,我怕给你造成压力……看到没,这是发票!"

我一把抢过发票,是真的,妈耶,300多块,我妈之前给我买的那个京华的才70块!

我越想越担心。"你哪来的那么多钱?"我很严肃地问。虽然我很惊喜,也很感激,但我真怕李欢去做了什么违法的事。

"所以在你心里,我就只会坑蒙拐骗咯?"李欢的自尊心似乎被我伤到了。

"我不是那个意思,你明明说你回去努力,但又很久不来信。突然来了,又给我一个这么贵的随身听,我总要知道它怎么来的吧?现在就买这么贵的东西,我以后怎么还得起?!"

"我送你就是希望你好好学习,不是让你还的。"

"你?是不是……"我萌生了不好的预感。

"行,我也没别的事了,你的同学还在等你呢。我走了。"李欢立刻打断了我的话,指了指远处的我的同学。

"他们不重要,我送你。"

"你别送了,我不值得你送。"

我盯着李欢:"你好奇怪噢,你最近琼瑶阿姨的戏看多了吗?什么叫你不值得我送?你5分钟前才送了我一个值钱的东西,所以你也很值得我送啊!"

说完这段话,我和他都沉默了一下,然后同时爆笑起来。

"你是不是有病啊?"

"你才有病啊!"

"你到底怎么了?你肯定有什么事瞒着我?"

"杨桐,你会瞧不起我吗?"李欢突然从身上掏出一包烟,很顺手地拿出一支点燃。

看他那么熟练地点燃一支烟,我想他应该发生了很多事。

"只要你不做犯法丧尽天良的事,我就不会瞧不起你。"

"我退学了，和我爸断绝了父子关系，现在在我们常去的游戏厅打工。"李欢看着远处，快速地说完所有的信息。

我想起初中时，老师抓住他偷工地的材料，他也是这样不敢看我。

他还是怕我瞧不起他。唯一不同的是，初中时他直愣愣地回避我的眼神，现在他学会了伪装，假装在看风景，但其实余光都在看我的脸色。

上次跟我分别，回到中专之后，李欢想努力去改变些什么，但室友依旧，同学依旧，老师依旧。他去教导处问能不能转一个专业，不学轴承，改学汽修，起码这离他火车司机的愿望是最接近的。

教导处让他再交500块改专业费。

李欢他爸一个学期给他1500块生活费，他咬了咬牙，从生活费里拿了500块交给教导处。

他以为一切都会好转，直到去汽修专业上课才发现，教他的就是之前那个照本宣科教《机械原理》，自己却啥都不懂的老师。

老师看着他，笑了起来："你以为换个专业就能改变人生吗？你也太天真了。"

汽修专业的同学听到这话也笑了起来。李欢觉得很魔幻，老师明明在讽刺这个环境里的所有学生，觉得大家的人生都完蛋了，可为什么他们还在嘲笑他？

虽然再熬一年，李欢就能拿到文凭，但他不打算再自欺欺人了，直接辍学。

回家路上，他想得很清楚，他想告诉爸爸，如果继续读那个中专，他就没有未来，他打算重新念高中，希望他爸能支持他。没想到刚到家，他爸已经接到学校打来的电话，李欢什么都还没说，就被一个耳光打蒙了，他爸让他有多远滚多远，让他不要出现在他们的生活里。

李欢的脸火辣辣地疼，脑子里一片空白，他绕着城市转啊转，他想找我，却没有脸。

他想回奶奶家，却发现那间房已经被爸爸租出去了，租金一个月400块。

他打算去妈妈的单元楼坐一坐，却发现那个单元门装上了防盗门。

他去游戏厅，买了几个币，靠弹珠台消磨时间，一直坐到深夜。

老板认识李欢，得知他的情况，问他愿不愿意晚上在店里守店，并给他安排住宿。

李欢没有别的选择。游戏厅那个小阁楼，成了他的新落脚地。

6. 原来在那些杂乱无章后还有那么多心思

"我走了，要交班了。"李欢看看手表。

"我和你一起去吧。"我突然说。

李欢一脸错愕，他完全没想到我会跟他一起去游戏厅。

"学习太累了，放松一下。"

"你不上晚自习？"

"没事，我晚上赶回宿舍就行。"

"那……好吧。"李欢笑了，我也笑了，我们笑的是同一件事，我们居然又能一起打游戏了。但我们笑的也是两件事，我笑我敢逃晚自习，他笑的是我居然没有看不起他，还要跟他一起去玩。

晚餐时间，游戏厅人不多，李欢拿了一把币给我："随便玩。"

确实很久没来了，游戏更新了不少，新的不会玩，老的没兴趣。我转了一圈，又走到李欢身后，他还在玩弹珠台，玩得眼花缭乱，煞有介事。我看了好一阵，问他："这到底有啥好玩的，各种灯，各种通道，弹来弹去，亮来亮去，不闹吗？"

李欢很认真地说："这是一个执行太空任务的游戏。"

太空任务？我看了看那个画面，哪里有太空？

李欢指着屏幕上的图案解释："这个黄色的是任务板，弹珠需要弹到这边领任务。领到任务，就要把弹珠弹到紫色那圈跑道上起飞，之后再根据不同的灯去完成不同的任务。你看中间有一圈九个小黄点，我已经点亮八个了……"

如果不是他的表情那么认真，我肯定会觉得他是在瞎编。在我看来，这个游戏就是乱按，乱弹，乱得分，原来这一切的杂乱无章在李欢眼里都是一个个明晰的任务。

"你什么时候发现的？"

"玩久了我就想知道它们分别代表着什么，后来买了本游戏杂志才知道这个游戏叫什么，怎么玩，慢慢就知道了。"

"你好厉害啊！"我发自肺腑地夸赞。

"喀……打发时间而已，没什么用。"

不知怎的，我继续看着他玩弹珠台，看着他操作弹珠点亮一盏一盏任务灯，点亮一盏一盏经验值灯，分数越来越高，我觉得李欢一定会找到一条出路。也许他觉得他的人生像弹珠一样毫无选择，但即使被人误以为没有方向的弹珠，也在不动声色地冲刺着纪录。

游戏厅的顾客越来越多，我看见了几张熟悉的面孔——我俩初中隔壁班的同学。

看见李欢在卖游戏币，他们大笑起来："你不是去读中专了吗？怎么又卖起游戏币了？读中专应该很容易吧？中专都读不下去了？"

李欢也不恼，笑着说："确实因为太容易了，所以没读下去。"

"也好，也好，老同学应该多给我几个币吧？反正老板发现不了。"

"要是你钱不够，我自己买了给你。这些都是计数的。"李欢很认真。

几个同学觉得丢了面子，说："我们怎么会没钱呢？再没钱也不会去偷工地的东西吧，是吧？哈哈。"

我很气，准备说什么。李欢制止了我，对他们说："唉，小时候不懂事，后来搞得老师帮我把钱赔了。大家不都一样吗？你们几个不是去女厕所偷看被大爷抓了还写了检讨吗？我们都知道，只是没说。包括你们几个好像还偷了试卷是吧？拿回去没人会做，又不敢找会做的人做，偷了跟没偷一样，第二天考试还是不及格，哈哈哈。"

我第一次听李欢说这些，也忍不住"扑哧"笑起来。

那几个同学尴尬得要死，李欢立刻拿了一把游戏币给他们：

"嗨,都是老同学,开玩笑的,你们去玩吧,老板没数的。"

那几个同学的表情立刻松弛下来:"就是说嘛,都是老熟人了。"打了几个哈哈,就去玩麻将机了。

李欢从口袋里掏出几块钱放进收银台。

"你不是说老板没数吗?"

"是没数,但我有数啊。"

"那我的这些?"

"我都记上了。放心吧,你不是不准我做为非作歹的事吗?"李欢撇撇嘴。

现在回想起关于李欢的这些细节,我的嘴角也会忍不住上扬,他真是我遇见过的最好的人,没有之一。

"你不是很讨厌刚才那几个同学吗?为什么要自己花钱帮他们买币?"

"我花3块钱就能当面羞辱他们,多物超所值啊!"他笑着说。

我正觉得他说得很有道理,他突然很严肃地看了一眼墙上的石英钟:"快回去吧,这种地方今天来一次就够了,你是要考大学的,我也不会待一辈子。"

7. 把自己拽在手里扔出去吧

2003年,我开始为高考而努力。

李欢在游戏厅工作,每个月工资1200块。

顾客不多时,他会给我写信。我能想象到他的模样,想象他看着店门口来往的人流,听着交织的各种游戏背景声,掏出笔开始写他的心情。

杨桐:

又是周一,每周生意最差的一天,大概只有100来块钱,我觉得老板还要养着我挺辛苦的。上次你说想学文科,父母不同意,还找老师来做你的工作,你问我的意见。如果我在读高中,也许能给你一个意见,但现在我也不知道选文科和理科意味着什么。如果你一定要我说,那就看学哪个能让你顺利考去北京吧。

说起来,几年前我们一起发誓去北京的画面还历历在目,但我觉得自己却离北京越来越远。我总不能去北京还管游戏厅吧?我们老板说大城市都没有我们这样的游戏厅,他们都是游乐城,一个大商场里几百上千平方米全是游戏机,还有夹娃娃机。你知道夹娃娃机吗?就是一个透明的柜子,里面都是娃娃,你要投币操作夹子去夹,夹到了,娃娃就是你的。

昨天发生了一件事,我想跟你说说。

说是昨天发生的事,其实是前段时间发生的事,从那件事开始我做了一个错误的决定,然后就一直在错,虽然当时我觉得我只能这么选,但也许从一开始就选错了,导致我现在很后悔。我想如果再这么下去,我可能就完蛋了。

我们店不是总有一些混混吗,比我还闲的那种,但老板说他们是黑社会。我挺瞧不起他们的,在香港电影里黑社会在某些地方不是挺有原则的吗?我们店里那几个黑社会居然去偷学生的钱。我很气,直接过去制止,推搡了一阵。

没想到，后来那几个混混纠集了十几个人过来要砸我们的机器。

我说你敢砸，我就报警。他们立刻吓得不敢砸了，但每个人就坐在机器前面，也不玩，死耗着。两天我们店没人敢进来。

后来老板知道了前因后果，就带着我去道歉。

如果真是我的事，我肯定不会道歉，但本来游戏厅生意就不好，老板还付我工资，我就想着反正尊严也不值几个钱，就当帮一把老板，就道歉了，后来也就没事了。

老板说让我多跟他们聊聊天，走近一点儿，他们也就不好再来惹事，一来不会在店里偷东西，二来不会和我起冲突。我觉得老板说得挺对的，想了想，就把头发染黄了，还打了个耳洞，大概就是古惑仔陈浩南那个样子。我觉得自己还挺帅。

昨天，我在店门口抽烟，一抬头，就发现我妈带着她儿子刚好路过。我已经好多年没见过她了，但她应该也认出了我。我猜她应该认出了我。她和我爸在我10岁时离的婚，后来又和别人生了一个小孩，五六岁的样子，还挺机灵，发现我妈盯着我，就问我是谁。我妈立刻说不认识，是黑社会，以后他要是读书不努力就是我这样，说完就牵着他走了。

你知道的，每次我心情不好，都会去她住的地方，坐在楼梯上就觉得挺安全的。后来她的单元门装了防盗门，我进不去了。我还偷偷去了两次，也没遇见过她。这些年，我想了很多种我和她再见的样子，无一例外是她觉得我挺不容易的，觉得我没让她丢脸，说她亏欠了我。我是完全没想到自己会染着黄毛打着耳洞出现在她面前。

写到这里,我觉得自己真的是个傻子,大傻子,就这么把自己在她心里的样子给毁掉了。

给你写信之前,我挺恨她的,她抛弃了我,还说我是黑社会。

写着写着,我觉得是自己的问题,我应该让她很失望吧。

如果不出意外的话,我在游戏厅做到下个月,存满3000块,就打算离开这里,去深圳华强北看看。我听说那边机会很多,尤其是当快递员送货,只要努力就可以。我想也许自己换一个地方,一切会好起来。

退学没告诉你,很抱歉。

所以,这一次我提前告诉你。如果我安顿好了,会再给你写信的。

晚自习,我给他回信。

李欢:

不让混混偷学生的钱真的太是你了,为了老板的面子去道歉的也是你。为了和混混打成一片去染发打耳洞,你真的太蠢了吧。但如果是我的话,我也会和你一模一样的!所以你也不用太自责。

你说你打算下个月去深圳,我很支持,也很羡慕,毕竟你能比我先一步看到这个世界。我也没有别的要求,安顿下来之后跟我说说你的生活,多认识一些新的朋友,像我这样的最好!然后一定要保证不要犯法,不要再做这种蠢事,照顾好自己。

我决定学文科,不管父母怎么说。我们都自己选择了一条路,那就要走下去啊。

这封回信我写了三次，因为每次提到他妈妈的时候，好像怎么写都不对。

"以后你认真点儿，她会看到的"，感觉是敷衍。

"她应该是看错了"，感觉自己把李欢当傻子。

"不要再让一个不爱你的人影响到你的人生了，好吗？"，又觉得自己无法真正体会李欢的心情。

我用涂改液涂掉，过了一会儿，妈妈几个字又隐隐地出现，我只得重新写。后来干脆不提妈妈的事情了。我给他写完这封信，塞进信封，心情并不如自己以为的沉重，反而松了一口气。就像他说的那样——这是他真正靠自己选择的人生，不再因为别人，他把自己拽在手上，扔了出去。以前我或许会觉得他是病急乱投医，但看过他认真地解释完弹珠游戏后，我知道他一定很清楚，他奔去的方向一定有一盏灯或几盏灯，能让他点亮，开启新的人生。

8. 李欢的世界都装在了信里

杨桐：

可能是我以前太惨了，所以我下火车到了华强北，还没开口问哪里可以找工作，就遇见了一个大哥，叫强哥。强哥说我适合去他们公司做快递员，一个月做得好可以拿三五千块。我一直记得你跟我说的，不要做犯法的事，不要靠近莫名其妙的人，所以我没有搭理他，非要自己去找工作。

这个强哥觉得我脑子有问题，就一直跟着我。我走到哪儿问要不要招工，那儿的人就喊他一声强哥，然后他就跟人说"这个人我要了"。我被吓得不行，我想我身上还有2000多块钱，1000藏在袜子里，1000藏在皮带里，他应该找不到。

后来有人觉得我很好笑，跟我说："强哥招了你，你还找啥工作？还不赶紧谢谢他。"这时我才隐约觉得他可能不是个骗子。

你知道他是谁吗？他是华强北第一个做快递业务的老板，手下有100多个快递员，但还是自己招工。他问我为什么不信他，我说你都不认识我，就要我，工资还说得那么高，就像个骗子。强哥就说了几句我可能会记一辈子的话，当然你说的那些我也能记一辈子，但他的那些话让我觉得自己运气真的好好。

他说："你从中巴车上下来，帮一个大妈提了箱子下来吧？是你主动帮忙的吧？"

我点头。

他继续说："你看着华强北的大楼，脸上一副不可思议的样子，感觉你只看一眼就决定了要在这里扎根，对吧？我当年就这样。你知道为啥吗？因为你简单，而且做好了拼搏的准备。然后，你往我们这边走过来的时候，不是犹豫的，而是开心的，看起来就是一个对陌生环境很乐观的小伙子。那时我就决定要招你，但我主动要你的时候你还不信我，谢谢我就走了，还挺警惕的，是怕我会骗你吧？应该还想着自己藏的钱不能被我找到吧？那时我就觉得你行，各方面都不缺，能培养培养。"

他唯一说错了的地方，就是说像我这种小县城出来的小年轻，因为看了几部港片就想当古惑仔，都留陈浩南的长发，偏偏又找不到几个好兄弟，就来离香港最近的深圳了。他说幸好他们那儿都是讲义气的好兄弟。

所以，我当天就找到了工作。强哥给我安排了宿舍，挺好的，还包三餐。

我还领了一辆摩托车。强哥问我有没有钱，我愣了一下说没有，他就没让我交押金。我很不好意思，就说其实我有。他就说留着吧，反正我押了身份证也跑不了。

以前别人说外面的世界真好，我还觉得是瞎吹。我现在觉得确实好，因为你可以遇见很好的人。

下次聊，我睡了。

杨桐：

我刚来一个星期，一天只能通过组长分配到几单。我看有些同事一天可以接好几十单，特别羡慕。后来我觉得等派单也不是办法，所以每次取货送货都会跟对方介绍自己，让他们以后可以找我。

上次你在信里说我应该给自己做些投资，买个 Call 机，方便别人找我。我觉得对，就找了同事在这儿买了一个 80 块的二手机。照你说的，把我服务过的商铺电话号码背下来，只要他们呼我，我就知道是哪家店，也不用回电话和听留言了，立刻就能到。

我现在每天可以做到 30 多单，强哥说我是他见过上手速度最快的。

这里有很多电子产品，好多我听都没听过，还有 CD 机，听说会淘汰磁带机。CD 机都很贵，但那些 CD 倒和磁带差不多价格。我去熟悉的店铺听过,音质很好,可能也是心理作用吧。你考上大学,我送你一个吧。

你说你爸妈偏不让你读文科,你和他们已经一个多月没说话了。你也不要太固执,话可以不听,但该说还是要说。你看我,想说都没人和我说,所以你要珍惜他们,他们是因为在意你。

我住龙岗,离华强北挺远的。我睡了,你好好学习。

杨桐:

公司昨天奖励我200块钱,虽然不是特别多,但是全公司都知道了。

我不是和你说过,有些客户下班之后还要发急货吗?所以我每次都在他们下班后,在附近溜达等半个小时到一个小时。有个客户要寄一车的大灯,很容易出问题,稍微碰一下就会坏,但他特别急。我就给他到处找塑料和泡沫,很认真地打了包。然后每转送到一站,我都会跟那边的同事说里面是什么,也跟客户说到哪儿了。后来顺利送到了,我也没觉得有什么,但客户一激动就给强哥打电话表扬了我。强哥今天在公司早会上说,这件事情很小,但客户十分感动,冲着客户的感动也值200块。

这是我第一次拿奖金,我很开心。

以后你给我写信就直接寄到我住的地方吧,我在公司收到你的信就很想立刻读,也很想立刻回你,感觉会影响我的工作。但你寄到我住的地方就最好,我读完就能回你。

上次你说我给你写信太多,你们老师拆了我的信,想看看里面写什么。这封信他会不会也拆啊?如果他拆的话,那我就跟老师说几句吧:"老师,谢谢你,我是杨桐的好朋友,现在在深圳做快递员,虽然不如杨桐优秀,但也很努力地在生活。我和他约好了到时一起去北京。我不是游手好闲的人,上个月工资也拿到了2800块,算很不错了吧?我们是互相鼓励的好朋友,我不会带坏他的。谢谢老师的信任。"

刚刚那一段可以吗?我有点儿神经错乱了。

最近,我们这边又新成立了几个快递公司,大家抢活很厉害,强哥让我们盯细一点儿,勤快一点儿。

好了,就到这里吧,下次再说。

李欢的信很好读,不复杂,简简单单,让我看得到他的生活、他的积极。我很羡慕他,感觉他只要努力,就一定有收获。高考却不是这样,我很努力地学习,就是考得不好,心情有时糟糕,但只要看着李欢的信,也能为他开心一阵。

班主任怕我交了坏笔友,谈恋爱啥的,还告诉我父母,让我少写信别分心,后来甚至私拆了我的信检查。当他把信还给我的时候对我说:"这个朋友挺励志的,你如果学习也能像他对工作一样,你能考不上北京师范大学?"

我在信里告诉了李欢,他便在信里写了一段话给我的班主任。只是班主任没再拆我的信,但我依然在给李欢的信里告诉他:"我老师说你是一个很有干劲的年轻人,而且这么做下去,肯定能特别成功,让我继续向你学习。"我知道李欢一定会因此而备受鼓励,他以前不是说过吗,游戏其实没什么好玩,但能让别人觉得他很厉害,才好玩。他身边的朋友少,所以当有人夸他的时候,他就会更厉害。班主任对他的褒奖让他很受鼓舞，他在信里说："谢谢李老师的鼓励，你的肯定对我来说很重要。可能是因为我很想读高中却没有机会，你又是市重点高中的班主任，你表扬我，就好像我在市重点读书一样。"以至于每次我给李欢写信，都要分饰两角，一个是自己，一个是班主任李老师，累得很，但我很乐意。我在想，如果有一天他知道我假扮老师在和他聊天，他到底是觉得我太厉害了，还是会觉得我太坏？

9. 虚假的世界里只要还有一点儿真就够了

2003 年，高二结束的那个假期，因为选文科的事我和父母大吵了一架，急需透口气，就给李欢发了一条语音留言，告诉他会去深圳找他。

等了一天也没回信，我就买了一张火车票直接去了深圳，按寄信地址找到他的宿舍。那已经是晚上 10 点多了，这一路上特别偏僻，在月色下仿佛是荒郊野岭，下了巴士，眼前就是光秃秃几栋四层小楼，外立面是简单的水泥和砖头，像是没有完工的烂尾建筑。几个年纪和我相仿的年轻人也从巴士上下来，看出我在找人，就问我找谁，我说找湖南的李欢。

"你是谁？"其中一人问。我还没来得及说话，几个人就聊了起来。"这个李欢还有朋友？"但因为我在，他们声音也越来越低，依稀只能听到他很孤僻什么的。

我爬到三楼，找到信上写的 317 房间。

门虚掩着，我敲了敲，便推门进去了。

我就呆住了。

一间房，目测不到三十平方米，一左一右每边放了四张上下铺，十六个人住在一间房子里。中间一条过道放了几张桌子，八九个人正围在一起打牌。我推开门，那些人都看向我。

"请问，李欢在吗？"我试探性地问。

没人回答我的问题，他们都看向角落。我循着目光，看到李欢正从角落里的下铺站出来。他发现来人是我，很惊讶，绕过人群，径直走过来："你不是说你过段时间来吗？怎么今天就到了。"语气中有惊讶，也有一些尴尬。

"你看到了也不回我，不想让我来？"

"不是，一会儿再说。"

来不及寒暄，他帮我把书包放到下铺，就说带我先去吃点儿东西。我跟在他后面，感觉眼前看到的都和信里描述的不一样。我什么都没问。他说他住得不错，但实际是十六个人挤在一起。他说同事关系都处得挺好，但显然他很不合群。我心里好多疑惑，一一组合。

但这些都不如我俩相见更重要，我和李欢快一年没见，他已经有副大人的模样。

我跟在他的后面，他发型仍然没变，只是后面有一小撮长一些。我说："你不是打算留及腰长发吗？怎么还是剪短了？"他轻描淡写地说："有几个工友觉得我头发太长不男不女，起了些言语上的冲突，但我也懒得解释，就留了后面这一小撮，你懂。"

我懂，那是他奶奶还活着的时候亲手打理过的一截，但和工友起冲突这件事，他之前也没说，我就更疑惑了。

在大排档坐下来，我直接问。

"感觉你有心事？"

"就是现在想得比较多吧。"

"那开心吗？"

"还是挺开心的。"

我看他似乎想堵住我的话，也就不知道该说什么了。

我和他沉默了一会儿。

"你是觉得我和大家关系看起来一般，是吧？"

我点点头。

"我自己是挺开心的，做着一份收入不错的工作，客户也都尊重我，我只是和工友关系一般。不过也很正常，这和读书时不一样，一天就那么几百个件，我多拿一个，人家就少拿一个，虽然住在一起，但都是竞争对手。有些人看着关系不错，一到了利益分配就脸红脖子粗，隔三岔五就打架。我也懒得搞关系，就自己做呗。"

"你信里还说你的住宿环境不错，我就想着来投靠一下你，没想到十六个人挤一起。今晚我怎么睡啊？"

"挤呗，能挤，你一头，我一头。你别嫌弃了，我在游戏厅打工的小阁楼你没上去过，那个才惨，五平方米不到，没床，老板给我打了一个地铺，睡在杂物旁。这些还好，要命的是没有厕所，都要去隔壁街的公共厕所。我半夜起床去上厕所，迷迷糊糊地从楼梯上滚下来，摔过好几次。气死我了，我不是气摔得很疼，而是每次都把我整个人摔醒了，再睡着就很难了。这里每次闭眼就能睡着，睁眼就开始工作，自己管自己，没那么多事。"

他也问起我的情况,我说高三更忙,如果真考去北京,见面的机会就更少了。

他说不会的,北京有个中关村,听说和华强北一样,楼更多更高,挣的钱更多,如果我考去北京,他大不了就去中关村工作,到时候还能帮我用最便宜的钱组装电脑。

他喜欢问我学校发生的事,我喜欢问他社会上发生的事。

我俩就是对方的镜子,照出彼此想看的世界。

后面两天,我都跟着李欢去送货。

他在华强北的各栋大楼里跑来跑去,我只跟了一个小时就累得不行。他跟顾客都熟,大家很亲切地喊他小欢,像一条狗的名字。他确实也像狗一样,远远站着就能知道谁想要发货,看一眼Call机就知道去几栋几层几号商铺,聊两句就开始填单。别的快递员刚到,他却早就把这一单拿下了。

做这份工作时有冲突,但李欢告诉我不能厌。吵归吵,但不能像娘们一样一直吵,需要一边吵一边填单,别影响工作。甚至还会和别的快递员动手,但打归打,别往死里打,打几下表达一下自己不厌,就赶紧处理顾客的单子。这里发货的商家都习惯了——你们爱怎么吵怎么打,是你们的事,别耽误我的事就行。

我看李欢送货去幼儿园,却被门卫拦住不让进,他跟大爷说自己可以把东西搬进去,不麻烦其他人。对方却说:"你进去会吓着孩子。"我看他送完货,又帮不认识的大妈扛了一桶纯净水上楼。大妈很感动,赶着出来送了他一个洗好的苹果。

短短两天,李欢遇见的人,发生的事,简直比我一年还多。

我问他:"你不累吗?"

他说:"以前更累啊。"

第三天,李欢接了一单送货去市内的地王大厦。

他跟我说:"走,我带你送个货,然后让你见识一下深圳。"

我坐上他的摩托车,他把头盔给我:"你戴,万一出事了,我脑子不重要,你还要考大学呢。"

我超感动,觉得他真是我的好朋友,但摩托车开起来,我就知道他为啥不戴了,他的长发被风吹起来很飒。我们等红绿灯的时候,路边的女孩也好,旁边的女司机也好,都会投来爱慕的目光。

我在他身后低声说:"你不要脸,你不戴头盔是为了让更多人看到你。"

他侧过头对我说:"但更重要的还是你的安全。"

摩托车开起来,风景在两边擦肩而过,风迅速把脖子上的汗带走。

我摘下头盔,在李欢身后大叫:"好刺激啊!"

李欢开着开着,突然轰了一下油门,也"啊啊啊"大叫起来。

"你啊什么?!"

"我啊自己之前不够争气啊!!!"

"那我祝你早日成功!!!"

"那我祝你考上理想的大学!!!"

我俩的愿望被系在风里,由风带向远方。

到了地王大厦,李欢把摩托车很规矩地停在停车场。我说:"别人不是都停路边吗?"他摇摇头:"还是规矩点儿比较好。走,带你坐一个电梯,69层,可以看到整个深圳。"

我很兴奋，满口说可以可以，我在老家上过最高的楼也不过是 18 层。

电梯很快，容易头晕，但由于是第一次坐那么高的电梯，心里还是非常兴奋。

送完货下到一楼，李欢看我还在回味，说："咱俩再坐一次？"

我点点头。

电梯里，我对李欢说："谢谢你啊，带我坐这个电梯。以后要是我去了北京，我也带你坐最高的电梯。"

他说好啊。

一开始上到 20 层，我就有点儿害怕，但没想到上到 30 层我居然没那么怕了，越到后面越不怕，40 层、50 层、60 层……

"那么多楼，我们以后能拥有哪一栋啊？"我问李欢。

"我不要一栋，只要一间就好了。"他笑了笑。

"不行，人还是要有理想的，相信就一定能成。"虽然我也没成什么事，但觉得和李欢在一起，就应该表现出最积极的样子。

"你真的相信未来会越来越好吗？"

"当然，最起码从你身上我就能看到。你忘记一年多之前你在干吗？身上连 100 块都没有，每天待在那个小游戏厅，问你未来要干吗，你说都说不出来。你能说出来的人名估计不到十个。你看看现在，你带着我坐上了 69 层的电梯，一个月工资 3000 块，记得住将近一百来号客户的名字，还有那么多工友的名字，对吧？以前你也不知道怎么去北京，也不知道自己去北京干吗，你昨天告诉我北京有个中关村，你可以去中关村做快递员。你超厉害的啊！"我是真的觉得李欢比我厉害多了。

"嗯,谢谢。"李欢擦了擦鼻子。

"我觉得你挺古怪的。"我没忍住。

"被你看出来了。"他讪讪地笑。

"不是废话吗?"

"那天你给我发信息,我没回你,因为我正在处理一件事,但我已经想明白了。尤其是你刚才告诉我这些,我觉得我的决定是对的。"

这时我才知道,就在我来深圳前两天,李欢同时要送三批货到市内,因为客户催得急,不停打 Call 机留言,李欢把摩托车停到了大厦门口,看见有保安,也没多想就抱着一箱货上楼了。等他下楼出来,不过 5 分钟,摩托车上另两箱货就不见了。那是两箱手机,价值 5 万块。李欢当场就急了,赶紧去问保安,保安说没注意。他一把抓住保安:"我的摩托车就停在大门口,你们不是保安吗?你们是做什么的呢?"

保安笑了笑说:"这门口本来就不能停摩托车,让你停就不错了。"

李欢心急如焚,和保安差点儿打了起来,还好被路人提醒,赶紧报了警。

警察到了现场,发现大厅口并没有监控,而保安也是一问三不知。整个案件疑点很多,首先,在深圳就几乎没有人会偷送货员的东西,尤其还是在大厅口,来往的人很多。再加上李欢平时送的货物都少,这一次却格外多,感觉是蓄意栽赃。保安的态度也像是和小偷里应外合串通好了,睁一只眼,闭一只眼。所以警察说几条线都要再调查,也问他平时是否有得罪谁,有没有可能遭到报复。

　　李欢就说自己的工友里常有人看不惯他，一是他喜欢加班，二是他和大家抢业务，也不太懂得先来后到。以及他和竞争公司的快递员也发生过争执，抢过生意，但仗着年轻气盛，那一头古惑仔的长发也唬了不少人，不输人也不输阵。

　　警察走后，李欢整个人蔫了，坐在台阶上等强哥。他说他这一辈子连1万块都没见过，这一下就丢了5万块的货，感觉整个人生还没开始就完蛋了。

　　5万，是一个他想都不敢想的数字。

　　按他的工资，不吃不喝要工作一年半才能还得上。他说着说着便哽咽了："我有一瞬间觉得自己怎么那么惨，怎么所有的坏事都会发生在自己身上。我跟保安吵完之后，万念俱灰，看着那栋楼，就想爬上去从上面跳下来，一了百了。我以为我逃出来，那些痛苦就追不上我了。我以为我朝一个方向拼命跑，就不会再像弹珠一样四处碰壁，但是货丢了的时候，我以为我忘记的所有的事情又出现了，父母离异，各自成家，奶奶早早地走了，我爸给我的那个耳光，无处可去只能在游戏厅打工，在地板上睡了半年，被妈妈觉得是个黑社会……你还记得我初一吃了几颗安眠药假自杀的那次吗？我在想，如果那时我把整瓶吃了，是不是就不会发生后来那么多事了，甚至，我都能早点儿下去，好好地迎接我奶奶……"明明是件难过的事，他说到自己早点儿下去可以接奶奶的时候，我忍不住笑了出来，他也笑了，然后我就更想哭了。

　　"你知道为什么我又放弃了跳楼的想法吗？"他看着我挤出一丝苦笑，"我怕我在这个陌生的城市死了，没有人认识我，你又赶不过来，我就一个人孤零零地躺在地上，想想觉得自己蛮可怜的……"

"幸好你怕孤独，不然你就死了。"

"其实我想的是如果我真一走了之，那这5万块的债就是强哥替我还了。我不能坑强哥啊，然后就清醒了……"

"看来人还是不能欠债，不然连死都不心安。"看他这么说，我也就开始瞎扯起来。

后来强哥到了，便立刻去了解情况。李欢几次开口想说什么，但又咽了回去。最后他鼓起勇气对强哥说："强哥，你怎么处置我都行。我本想说自己犯了那么大错误，公司肯定要开除我，不开除我，我也应该主动辞职，但那么多钱，我不还干净也不能走。只要公司还愿意再给我一个机会，我愿意给公司写一个10万块的欠条。5万块先帮我还给客户，另外5万块就当是公司对我的处罚。我做牛做马都会把这10万块还给公司。我对不起公司，我对不起你。"

李欢把头埋得很低，没脸看强哥。

强哥听完对李欢劈头盖脸一顿骂："你是不是傻？你才犯了傻，现在又继续犯傻？你给我闭嘴，你告诉我是哪个保安？"

李欢指了指。强哥走过去先是跟保安说了些什么，然后又回来。

他对李欢说："这件事不要跟任何人提，一会儿你跟我去银行取5万块，我私人借你，你赶紧把货补上，给客户打电话说摩托车半道坏了，晚点儿送过去。这件事你就烂在心里，当没发生过。以后你从你的工资里每个月还我一点儿。不能跟任何人提，这件事只要周围的人知道了，你在公司和这个行业就没法混了，明白吗?"

李欢愣住,不知道该说什么,一直点头。

"那我给你写个欠条……"

"别写了,你以为你还跑得了?你赶紧处理事情,我去一趟派出所。"

李欢复述这件事的时候,我人生第二次看到他掉眼泪。

李欢在信里给我描述了一个美好的世界,或是他自认为美好的世界。但我到深圳看见他的生活,觉得他是在自欺欺人。李欢跟我说:"你知道吗?现在支撑我走下去的是强哥的信任。以前从来没有人如此信任过我,所以哪怕为了这份信任,我也要努力。"

一颗种子被埋在地里,没有发芽之前也许都认为自己可能缺少氧气或水分,但最终会发现,缺少的是一点点时间。我相信只要再给李欢一点儿时间,他一定能在这里发芽。

"其实……"我张了张嘴唇,想说又觉得不合适。

"怎么了?怎么读了个书,就不像你了?"李欢撇撇嘴。

"这三天里,我知道你的生活是怎样的,其实我不喜欢你现在这样,不是说你现在的生活,而是你的态度。我希望你能把你的生活完全告诉我,而不是伪装。我都不知道你是为了骗自己,还是为了骗我,反正就挺没意思的。"

李欢一下愣住了,想了半天说:"我没骗我自己,也没骗你,我不想跟你诉苦,我也不想跟自己诉苦,而且我跟你说的所有也是我认为的,也肯定会实现的。"

"我不是质疑它不会实现,而是我……如果我是你最好的朋友,我就希望你什么都能跟我分享,而不是显得那么孤独。"

我俩都不说话了,一种奇怪的氛围横生而出。

初中他问我孤不孤独,此刻我说他太孤独。

也许是说中了,也许是说错了,那天晚上我们没有继续聊这个话题。我有些后悔和他提这个,好不容易见一次,为什么要说这么不开心的呢?

李欢请了半天假,坚持要送我去火车站。

我检票进站的时候,我们都觉得怪怪的。这一次见了,下一次再见又是什么时候呢?下一次见面我们都会很好吗?

"李欢,我们做个约定吧?"

"嗯?"

"还有一年的时间,我考北京的大学,你把债还完,咱们一起去北京一趟吧?不等强哥开分公司了。"

李欢很认真地点点头:"好。"

离开深圳之前,我把这些年的压岁钱从银行里都取了出来,足足有 4000 块,打算放到李欢的枕头底下。

走到一半,又觉得万一被别人看见偷了怎么办?

于是又走回银行把钱存了回去,把存折放在他枕头底下,写了一张字条:"我的压岁钱。等你以后发财了,多还点儿给我,密码回头发你手机上,我怕被人看见。不要问我为什么要搞那么复杂,因为我不好意思当面给你啊。"

10. 李欢不像弹珠,他像打弹珠的人

从深圳回老家后,我进入高三,格外忙碌。

也许是因为临走前一天晚上和李欢起了争执，没说清自己真正的想法，我们的联系也少了。也许这就是少时朋友成长的代价。

时间飞快，像射出了一支箭。

我选了文科后，为自己的决定负责。第一次月考就比平时最好成绩多了40分，所有人都很讶异，包括我自己。就在这时，收到了李欢的信，我松了一口气。

这封信特别简短。

你们李老师居然给我写了一封信，说你在日记里写到了我们的聊天，说你担心我很孤独。他还算有文化，告诉我什么"你的孤独，虽败犹荣"。刚开始看，我觉得这句话很奇怪，我孤独怎么就失败了呢？但他在信里写道："我们总是以为一个人不好，一个人就孤独、不合群，似乎是一种错误。但你想想，也许你现在是一个人下班，一个人挤公交车，一个人看电影，一个人吃饭，一个人发呆。然而你却能一个人下班，一个人挤公交车，一个人看电影，一个人吃饭，一个人发呆。很多人离开另外一个人，就没有了自己，而你却一个人能度过了所有。你的孤独，虽败犹荣。"那一下我好像就明白了，我的孤独，虽败犹荣，我的孤独让我能一直靠自己活在这个城市。这样一想，就觉得自己很强大啊！杨桐，我文笔不好，怕给他回信，有负担，那你帮我直接谢谢李老师啊。这段话也分享给你，我觉得对现在的你来说，也很有帮助。

我最近很好，在朝一起去北京玩努力！

多年后，我看了一个纪录片，很残酷。

说是把一对双胞胎拆散，放在不同的家庭，观察他们的成长。

那一刻，我觉得我和李欢就像这个实验，我们本是一个人，被拆成两种人生，而命运和转机却又都捆绑在一起。比如在我开始成为重点大学的有力竞争者之后，李欢也来信告诉我他的生活出现了大转机。

最近配送区里多了一个台球城，我总过去送货。以前在老家时台球很便宜，打一局无论多久只要2块，大家都觉得打台球的人是小混混，游手好闲。但这里的台球很高级，一个小时就要8块，好多人打，他们都很喜欢一个小年轻叫丁俊晖。你知道这个人吗？和我们差不多大，从小打台球，拿了亚洲冠军和世界冠军，真的好绝。

前几天下班，我就过去跟着他们看了一场丁俊晖的比赛，他拿了冠军，所有人都很激动。我也很激动，我从来没见过台球打得那么高级的人，原来混混玩的东西也能让人觉得高级。

老板问我玩不玩，我说不玩。老板说不收我钱，我说玩。

因为是第一次，不太会，但老看老看也大概知道怎么玩，虽然不知道规则，但只要老板说我应该打哪个球，再把那个球撞到洞里就算赢。这不就是我小时候玩的弹珠台嘛，看准了打就行。虽然姿势不对，击球也没什么力量，但我打的时候居然也能大概猜到杆应该打球的什么部位、什么角度，也能猜到被击中的球的运动轨迹，基本能打进去。老板都不太相信我是第一次打。

他跟我说了规则后，还叫了几个正在学的人跟我一起打，我居然赢了，还拿到了50块彩头。你知道我这个人很谨慎，不敢要。老板就说那钱不给我了,扔了我一张 200 块的充值卡,说随时可以来玩。

我又去台球城了,我觉得自己好像还蛮有天赋的。几个人想跟我打彩头,我就想着扫兴也不好,那就当交个朋友赌一包烟,结果我就赢了三包烟。之前没说赌什么烟,我说红梅就好,他们笑我,就给我买了三包中华。我一开始还以为是假的,不敢拿出去给别人抽。有一天,我还钱给强哥,想着他也不会笑话我,就问他是真是假,他看了一眼就说真的,抽了之后就问我为啥要买这么贵的烟。我就跟他说了实情,然后把剩下两包没拆的都孝敬他了。我也不敢抽,也抽不起,怕养成习惯。强哥就说他年轻的时候也玩台球,就要约着我一起玩两局。我现在给你写信都挺紧张的,万一我输了,他会不会觉得我没什么优点?但我要是赢了,他是不是会很没面子啊?

我赢了强哥。打了一局,他就不跟我玩了,然后要看我跟别人打。别人又说打多少彩头,反正强哥在嘛,我就想着爷们儿一点儿,说 50 块。那天就赢了 300 块。然后我就做了一件很傻的事,我让老板给我换了六张 50 块,转身就要给强哥 150 块……我和他都愣住了……我把强哥当你了……因为他一直站在我的后面看我玩,就像我当年看你玩格斗游戏一样。当时我都傻了,然后强哥把六张 50 块都拿走了,说这就欠他 29,700 块。

那晚,强哥请我吃夜宵,老板第一次请我吃夜宵哦。我们喝了一点儿酒,他说我应该有自己的爱好,不要总是工作。我说我不工作也没事做,他就说我可以继续打台球,开玩笑说我打台球比送快递更有天赋,虽然我已经是我们公司业绩前三了。我上个月工资拿到5500块了,因为有个公司指定让我送,一下就有了保障。我打算接下来多签几个大公司。

强哥说他有意去北京开分公司。我说如果他开分公司,就派我去。他说为什么,我就说因为我和你约好了要去,而且我保证我肯定能干好,不丢他的脸。强哥就说他能允许我再丢10万块的手机。

台球城的老板问我要不要参加俱乐部的比赛,我肯定要参加。我发现人一旦有了爱好,状态都不太一样了。虽然工作还是很辛苦,但以前总是要看人脸色,故意不去想那些人际交往的问题。现在就不一样了,工作就工作,生活就生活。我还多了一帮很好的朋友,他们来自各个行业,都是因为喜欢台球才在一起的。台球有两种,美式和斯诺克,我现在玩的就是斯诺克。

台球城有两个人很厉害,我就去问他们打台球最重要的是什么。他们说最重要的是脑子和体力。他们也说我有脑子,但感觉体力不行,我就说我是送快递的,体力很好的。他们说体力包括了打台球击球的臂力,而击球最重要的力来自腰力,与此同时一局如果要打很久,还很考验心肺能力。他们建议我如果真的喜欢,也想比赛的话,就要多跑步,练腰力和臂力。

你还记得以前我问你怎么才能玩好格斗游戏吗?你说除了要观察自己的角色,还要观察旁边的对手,要了解每个角色出招的硬直时间,不要被人抓到空隙……那时我觉得你在鬼扯,现在我知道了,原来任何事情要做好,都有自己的解读……

看到这儿的时候，我心想李欢明明很会玩弹珠，很会送快递，怎么就对自己那么不自信？可能人都对自己的认知有盲区吧。

杨桐，先给你说件特别开心的事，我第一次参加俱乐部比赛，50多人选20个进决赛，我是前20啊！听说决赛前5名会代表俱乐部参加市级比赛。虽然我入行时间不长，但大家都说我蛮有天赋的。我现在给高层送货都不坐电梯了，直接跑上去，特别爽。工友听说我很会打台球，都让我教他们。我发现他们其实也蛮有意思的，以前好像太防备大家了。

我注意到他的来信里最后写了一段话，让我兴奋得一晚上没睡着。

他写了很多自己的生活，最后写道：

老板的女儿有时也会来台球城，长得蛮漂亮的。他们都背后喊她榨汁机，你懂吧，他们都挺喜欢这种荤段子的。但他女儿对大家很凶，所以我就喊她绞肉机。今天她突然走过来拍了我的肩膀，一脸严肃地问我："绞肉机的外号是你给我起的吧？"我吓死了，把杆还了就跑了。

除了他的奶奶和妈妈，这是我听到他主动提到的第三个异性。真好啊！

2004年秋天，我顺利考上了北京的大学，超过了分数线20

分，铁定不会有问题。我在电话里告诉李欢我考上了，李欢也在电话里告诉我他不仅把强哥的债还完了，而且升组长了。我俩都特别为对方开心。

我问李欢："那你还记得咱俩的约定吗？"

李欢说："记得，记得，我就是靠这个约定才坚持下来的啊。"

我说："太好了，那我们确定一个时间吧？我可以提前一个星期去大学报到。咱俩一块去，我爸妈也放心。你能请假吗？"

李欢说："没问题，我从来没请过假，该放假的时候我都上班，他们都巴不得我请假呢。"

我俩笑了，特别开心地挂了电话。

我和他约好了，8月20日下午，我们一起坐火车去北京，就坐我们小时候常常看到的那一趟 K600。

日子一天一天，离 8月20日越来越近，我上网查了北京的好多游玩攻略，安排详细的行程。

没想到前两天，李欢给我打电话，说他上个月被公司提名到政府评优秀青年。一起报了五个人，他根本没当回事，也不觉得自己是什么优秀青年。但昨天突然下了通知，全公司甚至这个行业就只有他一个人通过了，所以他8月22日要去参加表彰大会。

"但我跟强哥说我可不可以不领，换人也行，我觉得受之有愧，而且我也跟他说了，我最好的兄弟考上北京的大学，我要和他一起去北京看看。"

"我×！"我在电话里兴奋得骂起了脏话，"你这可比我考大学难多了啊。你想想看，你们那个行业多少人，你是唯一一个获奖的。你是万分之一，我不过是十分之一。你当然要去参加啊！"

"……我还以为我不去北京,你会失望,所以我都打定主意了。但你刚说完,我居然觉得你说得很有道理啊,哈哈哈。"我在电话里很明显能感觉到李欢是真的开心。

"当然还是有点儿失望的,但更多的是为你高兴!没关系,那就等我先去北京了解了情况,你再来,可能我就像个'地主'了。"

"好!那你就把 K600 的车票退了,我都不去,你也别坐了,太慢,要 28 个小时。等咱俩都有时间的时候,我们再一起坐,你就改直达的快车吧。"

"你心也够细的,你不说我还真忘记了,我一会儿就去改。"

"但我明天还是要回去一趟,和你见一面就回深圳。"

"?"

"你考上大学了,我总要当面祝贺你吧。行了,明天见!"

李欢见到我时,给了我两个东西,非要当面给我。一是我借他的 4000 块;二是一台 CD 机,也是 Sony 的。他说他的兄弟必须很洋气地进入大学才行。

这次见面,他变了不少,因为开始有意识地锻炼身体,整个人不再瘦削。他说他现在打台球还蛮有名气的,很多人大老远开车来就为了和他打一局,无论输赢,他都有酬劳。

我们就坐在火车站广场的台阶上聊了两个小时。分别的时候,我们抱了抱说:"北京见。"

11. 你不厌,你只是更爱生命了

我进入大学后刚不到一个月,正在军训,老师突然让我去学院办公室接个电话,说是深圳打来的。在深圳的人,我只认识李欢,但李欢知道我的宿舍电话,那是谁会打到学院办公室找我呢?

他不会犯事了吧?

去办公室的路上,我做了最坏的打算。

但听到电话那头的消息时,才知道我并没有做最坏的打算。

李欢死了。

七天前,深圳大暴雨,李欢骑摩托车回宿舍时发现河里有个小孩在挣扎,他就跳下去救人。最后把小孩推到了岸边,自己却被水流冲走了。搜救队沿着下游找了三天才找到他的尸体。去深圳参加李欢追悼会的路上,我想起了很多事,其实都在笑,因为他留给我的印象就是很好笑,无论是惨的,是自嘲的,还是积极的。李欢就像我人生中永远打不死的小强,用自己的感受去做一次一次的碰撞,然后鼻青脸肿地告诉我:"我操,真的好痛啊!"但一想到他被进海口转弯处的芦苇挡住了,在水里漂了三天才被发现,眼泪哗哗地就下来了。

那三天,他应该很孤独吧。

参加完他的追悼会,我等到闭馆,李欢的父母都没有出现领他的骨灰。我签了字把李欢带回了老家,找了一处陵园,选了一块碑。放置骨灰时,我让工作人员帮我从坛子里又分了一小撮单独装在瓶子里。

我想带他去北京看看。

可能这就是命运的安排吧,一个巧合,我们许了十几年的承诺就落空了。我们最后一次见面说的最后三个字就是"北京见",

但再也无法在北京见了。

我买了两张 K600 从湘南到北京的火车票，代表我和他。

我坐在窗边，一路没睡，每经过一站就在心里告诉李欢又到哪儿了。我不敢把装他骨灰的瓶子拿出来，我怕吓着别的乘客，我想李欢肯定能理解，毕竟小时候我们坐在墙边也用校服盖着头啊。想到这儿，我就笑了起来，心里冒出一个声音：那为什么现在不能这么干呢？于是我就用外套盖住了头，把装骨灰的瓶子拿了出来，对瓶子说："这条路要经过 30 个城市，如果我们每一站都下去看一眼，那么中国的城市我们就到了 30 个地方耶，超厉害。衡阳、株洲都是湖南省内，再往北，就是孝感、信阳、遂平、西平、漯河、鹤壁……"

28 小时后，到了北京西站。我站在出站口告诉他："这就是北京。"

一周后，我从外面回到宿舍，室友们都出去了，我的书桌上放着一封信。

我拿起来，发现是李欢给我寄的。我看了一下邮戳，是他出事的前一天寄出来的。

我深吸了一口气，坐下来，拆开信阅读起来。

杨桐：

因为明天一早要去送货，所以赶紧给你写一下最近发生的几件事，特别想让你知道，我觉得你肯定会比我还要高兴。好事太多，我都不知道该把哪件放第一说了，那就先说我觉得最重要的吧！

上次我跟你说的俱乐部比赛，我居然拿了第五名，有奖状还有个奖杯，还有1000块奖金！小时候，我连奖状都拿不到，最近天天拿奖金，我都觉得有点儿奇怪自己怎么变这样了，哈哈哈。最重要的是，我可以代表俱乐部参加市里的比赛了！然后我就用这1000块做了一套正式比赛穿的西服。强哥说我穿西服有点儿衣冠禽兽的感觉。我想了想，就把头发剪了，现在是寸头了，我穿着西服，他们给我拍了一张照片，你看看，是不是很帅？！像不像丁俊晖？

我也没想到自己会果断把头发剃了，一方面是因为刘海老挡住打球，但更重要的可能是我放下了。我以为那一剪刀下去我会很难过，但没有，我很开心，觉得奶奶的保佑终于让我熬到了能见到光明的时候，但我还是把那截头发保存起来了，感觉奶奶一直在身边。

我也觉得自己终于找到了人生的目标，以前喜欢玩弹珠游戏是觉得自己就像颗弹珠被弹来弹去，同病相怜。但现在喜欢打台球是因为我觉得自己可以控制台球的方向，调整角度，把球推向自己想让它去的地方。

你还记得"绞肉机"吗？她一直找我的碴儿，后来台球城的老板问我喜不喜欢他的女儿，我被吓坏了，直接就说喜欢。他就给了我两张电影票，让我约他女儿出去看电影。我哪敢，我外表很洒脱，但其实很怂的。老板说你给她，她肯定会去，她不去的话，他打她一顿也会让她去。然后我就把票给绞肉机了，她真的同意了。后来我就跟她说我喜欢她，她说只要我不再叫她绞肉机，她就考虑和我在一起。我说好！所以我提前告诉你，有可能过段时间，我就恋爱了！

强哥告诉我警察局抓到一个盗窃团伙，审出来两年前偷了我的货。我之前总以为是有人在陷害我，原来不是，虽然案件还在审理中，那5万块是不是能追回来也不清楚，但我很开心，证明我周围没有坏人啊！

你说你进大学没什么朋友，一个人吃饭、上课、去图书馆，也找不到人谈心聊天。我给你的建议就是别觉得自己了不起，也别觉得别人比自己幼稚，多去交一些好朋友，取代我的位置也没有问题的。但如果你尝试过了也交不到，那也没关系嘛，你们老师上次跟我说的，你的孤独，虽败犹荣，这已经成为我的座右铭了。孤独没什么了不起啊，不用怕。

对了，虽然我不怕孤独了，但我现在骑摩托车每天都开始戴头盔了。我开始特别怕死，觉得如果死了，就对不起现在这么好的人生了。想当年，哥也是随随便便可以把死挂在嘴边的人啊，怎么就厌了呢？

好了，困死我了，就写到这儿吧。我争取下个月之内请假去北京找你，但你能不能再回来一次，咱俩一起坐火车去啊？我买票！

李欢

我拿起那张照片，李欢剪了寸头，穿了一套黑色的西装、黑皮鞋，右手握着台球杆，似笑非笑，带着腼腆。照片上有字的痕迹，我把照片翻了过来，上面写着："如果我妈在电视上看到我，应该不会觉得我像小混混黑社会了吧？哈哈哈。"

我把照片放在桌上，把头埋在胳膊上，回想着这一切。在李欢追悼会上没有哭的我，带着他来北京旅游没有哭的我，终于忍不住了，在宿舍里放声大哭起来。我也不知道自己具体在哭什么，似乎他写的每一个字每一句话，他给的那张照片都是算好了他要离开，然后嘻嘻地边写边笑，让我不要太难过。

我把这些年他给我写的信都找了出来，一封一封地看着。

有的是在中专学校的走廊上给我写的。

有的是在游戏厅的柜台上给我写的。

还有在宿舍的小板凳上给我写的。

无论是笔迹的变化，还是里面说到的东西都浮现出他每一步的成长。

重新阅读信笺，他曾在信说：以前我觉得死是一件特别简单的事，是为了报复给我生命的人。现在我特别舍不得死，觉得人生还有好多事没做。我突然从不怕死的人，变成了好怕死的人，我变得好尿啊，哈哈，我觉得自己变了。

读到这儿，我笑了。

我拿出信纸，提起笔开始给他写信。

李欢，我是杨桐。

你放心吧，我会陪你一起坐 K600 来北京。现在我对北京很熟，也会带着你到处逛，你想去的地方都可以去，天安门、毛主席纪念堂、长城、故宫、颐和园。想吃的烤鸭和驴打滚都可以吃。我还会带你去北京最高的楼。你肯定不会失望的。

还有，你不怕死，你也不尿，你救了一个孩子——和当年我们遇见时一般大。

我还记得初一的时候你买了一瓶安眠药想自杀挽回父母对你的关注，但又怕自己真死了就救不活了，于是吃了几颗的量，可等到药效过去，你醒过来，都没有人发现你自杀过。你以前问我，如果你真死了，谁会哭，谁会来，大家会怎么看你。你担心只有我一个人会哭，只有我一个人会和你告别。

你错了，你的葬礼上来了好多人——你快递站的同事们、强哥、台球俱乐部的朋友们，我还看到了绞肉机，还有你的快递客户们，你救的小孩的那一大家子，以及还有很多在报纸上看到你见义勇为新闻自发来告别的市民。大家都哭了，他们觉得你很好。

还有件事我想你已经知道了吧，就是你总念叨说我的老师挺厉害，说什么你的孤独，虽败犹荣，这句话有安慰到了你。其实那是我写的啦。我从深圳回来觉得怪别扭的，就想到模仿老师的语气给你写信，然后让同学帮我抄了一份再寄给你。哈哈哈，你终于觉得我不幼稚了，我很开心啊！

但最开心的是这辈子我们是好朋友，希望下辈子也是。

12. 一年后

第二年李欢的忌日，我带着一个盒子走到了李欢的墓碑前。

我打开盒子，里面是七颗台球，每一颗都被我刻上了不同的星星。

"我把七颗龙珠集齐了，太难刻了，浪费了好多台球，还挺贵的。"

我拿起其中一颗,对着太阳,星星似乎闪着光。

"嗨!"我听见身后响起熟悉的声音,我大概猜到了是谁。

我回头,发现李欢就坐在不远的栏杆上,正对着我笑说:"你动作太慢了,等你那么久,都一年了,你终于集齐龙珠了。"

"是啊,累死我了,我还不能当着室友的面刻星星,不然他们肯定会觉得我很幼稚。"我嘻嘻笑。

李欢走过来,啪的一下拍了我的后脑勺:"是啊,你都是个大人了,还那么幼稚。"

突然,响起了上课铃,镜头拉开,我和李欢立刻从双杠上跳下来,朝教学楼跑去。

我开始怀念我抱着半个西瓜坐在阳台的地砖上翻《七龙珠》的样子。
我开始怀念我抱着半个西瓜坐在床上看《还珠格格》的样子。
我开始怀念我抱着半个西瓜默默思索人生未来的样子。
我开始怀念我抱着半个西瓜写第二天台本的样子。
我开始怀念我抱着半个西瓜吃离别饭的样子。
我开始怀念我抱着半个西瓜欣赏夕阳下的北京的样子。
我开始怀念我抱着半个西瓜走过没有路灯的小区的样子。
我开始喜欢放半个西瓜在副驾驶座,红灯时,我偷吃一勺的样子。
那些怀念的,我依然在保持,仍然会继续。

比起规整的照片，
反而更喜欢这样的画面。
以信任为阳光，
用坦诚做树叶。
透明的树叶，
没有任何秘密。

2017年参加台湾书展。
台湾的朋友开车带着我沿海行驶了一路。
海起了雾,日暮后,宝蓝色变成墨绿色。
我跟朋友说:"停下车,我想照张相。"
风很大,夹杂着水汽迎面而来,就有了这张照片。
我从小都不叛逆,即使尝试过,也不为人所知。
但看多了MV,就觉得在海边可以呐喊,可以咆哮,
可以跑来跑去被抓拍到叛逆的瞬间。
做一个忤逆的表情,和海浪相得益彰。

正准备下班，发现两个同事也穿着一样品牌的鞋，觉得有意思。参加工作后，很难有什么事情能突然觉得有意思，就跟同事说："看看还有谁今天也穿一样的鞋，我们一会儿出去喝酒吧？"同事说好啊，好啊。三个人就在公司前台开始等待，最后凑齐了六个人。这个局就一直在持续，其间有人离职。离职后，这个局还在持续。成年人的快乐比少年时的还要简单和幼稚。

一年春节，和朋友们带着父母去小樽。
这是第一次带父母来下大雪的地方。在南方生活的父母们也是第一次看到那么大的雪，看他们出酒店兴奋的表情就知道。于是拍了这张照片，平淡无奇，其实心里加上了一句话：希望还能带他们来第二次，继续听到他们很热闹的声音。然后拿出这张照片给他们看："你们看，这是我上一次拍的，那时就想好了要带你们来第二次呢。"

2014年因为工作到奥地利出差,
跟着嘉宾一路拍摄到山顶,看到了一个葡萄酒庄。
那一周时差都没有倒过来,便一直在硬扛着工作,整个人恍恍惚惚的。
但站到山顶,看到这样的景色,人瞬间就清醒了过来。
也很想过这样的生活,种很多的果树,安安静静的。
这张照片一直保留着,时刻提醒自己,
无论此刻多热闹,一定要把这张照片当成未来的目标。

也是那年在奥地利的时候拍摄的照片。我们住在青年旅社,一小间一小间,很小的窗户外面是这样的风景。很想知道对面住着谁,做什么样的工作。常常有这样的想法——想认识新朋友,了解别人的生活。每个人都在海里,像沙石一样浮沉,交错后一辈子也难再见。拍张照片,就当告别。

一直很好奇，外国的狗汪汪叫说的也是外语吗？如果它和中国的狗相遇，两条狗互相汪汪能听懂对方在说什么吗？狗之间应该是不存在语言障碍的吧？但又一想，如果狗听我和外国人沟通，应该也觉得人和人都是"叽里呱啦"的，不会有语言障碍。回去之后，我特意查了一下资料，大概是说：狗与狗之间不存在国家不同而产生的语言障碍，只要是狗就可以交流。以及，动物之间的交流除了靠语言，更多是靠动作、气味、表情。就好像我们人类，如果听不懂老外在说什么，通过动作手势来交流也能明白。挺深奥的。

2018年和好朋友一起去冰岛,在App上选了一家会员酒店,从名字来看是一家设计酒店。看了下价格,单间一晚是5000多元人民币。那么贵,应该很不错吧,想了想就咬牙订了。

落地冰岛是下午3点,为了到这个酒店,开了七八个小时的车,越开越远,渺无人烟,漆黑一片,感觉整座岛上就只有我们一辆车。到了酒店,什么都看不清,进了房间,房间也小,全刷成了黑色。大家的心情都很糟糕,这就是稍微高级一点点的如家嘛,但如家不到300元人民币!枉我们开了那么久的车。唯一值得欣慰的是,房间暖气很足,路途疲惫的我很快睡着了。

一大早，金浩森突然用力敲我的门，让我赶紧醒来。我拉开窗帘，看到窗外的风景，震惊了。金浩森说："如果你站在外面看我们的酒店你才会震惊，这个酒店果然值这个价格。"

我就赶紧爬起来跑出去，拍了酒店的正面和侧面。

后来才知道，这个酒店很难订，要提前好久才能订到，但我也不晓得为啥刚好订到了。不要在黑暗的时候瞧不起任何人、任何事，这个酒店真是狂扇我几个嘴巴教我做人。

姑婆很早便嫁到了广州，那时就种下了波罗蜜。记得小时候每次去广州，最有趣的事就是爬到树上拿刀砍波罗蜜，姑婆就会拿一个捞鱼的抄网在底下接着。其实我也没那么爱吃波罗蜜，但就喜欢爬树，喜欢砍，因为很有成就感。后来去大学读书，来北京工作，鲜有机会再去姑婆家了。这张照片是2016年去广州出差时拍摄的，看见姑婆的笑就觉得很温暖。

养二白的时候，同喜 7 岁，当时是想给它找一个好朋友。先是带回来一只别的泰迪，同喜远远地躲着，碰都不想碰，没办法就只能送走了。然后就把二白带回家了，没想到同喜一直围着二白转，也愿意一直待在二白旁边，就这样二白留下来了。一晃眼，二白 4 岁了，同喜 11 岁了。它俩关系很好，我这个老父亲蛮开心的。别以为狗什么都不懂，它们可是懂得很。

ふみきり

跟风去《灌篮高手》镰仓高校前摆拍的照片,现在才发现自己还走出了樱木花道的颓唐步伐。有人说打卡真的很跟风、很没品位,但我觉得还蛮有意思的,因为不跟风、不打卡,我也不知道该去哪儿。有生命力的作品真的很厉害,我去拍照的时候,旁边好多人都在拍同款,来自各个国家的。而我拍出了一个人的寂寞感,这里就要表扬我的摄影师金浩森先生的抓拍功力了。带会拍照的朋友出去玩真的幸福感增加十倍。

清晨5点的海边民宿，阳光和空气都是新鲜的。前一晚躺在户外的地板上喝酒、听歌、看流星、许愿，没睡俩小时就被朋友喊醒看太阳，饶有兴致的。我一直觉得在旅途中才能看出谁是和你性格最相似、最处得来的朋友。不挑剔、不抱怨、随遇而安、一直兴奋才是好旅伴的标准。

人生第一次独自远行，是 2016 年去国外待了 4 个月。大学毕业后就一直没有停下来过，稍微停几天就没有了安全感，忙忙碌碌、跌跌撞撞。想了许久，决定给自己放一个很长的假，说服了公司，开始了独自远行。周一到周五上英文课，下课就奔赴别的城市。世界很大，看也看不完，一路都美，觉得自己过去虽然充实，但也遗憾没有见得更多。这张照片是朋友抓拍的，很轻易就能想起当时的心情——好庆幸自己争取到了远行的机会，不然一辈子都不知道外面还有这样的风景。
"你这次出来是什么感觉？"
"啊，要挣更多钱去更远的地方看看。"
整个对话突然又变得很俗气。
可是如果一个人不俗气，怎么能随心所欲？尊重社会的规则，不妨碍他人，不勉强自己，只有做好了义务应该做到的，才能去拥有自己想去拥有的。

因为要去少女峰,所以就住在了因特拉肯。晚上小镇都已经全黑了,一扭头,少女峰独自亮着,便拿出相机拍到了这张照片。小镇上有中餐厅,我们连吃了两天。朋友说:"为什么我们出国了还要吃中国菜?"我说:"你这句话很多人都问过,我来认真回答你一下。我们经过那么多天的旅行,已经完全证明了国外普通的一顿饭中,中国菜比外国菜好吃得多。如果我们想吃到真正好吃用心的外国菜,那我们就多花一些钱去米其林餐厅,而不是总打着吃外国菜的幌子让每一餐都吃不好、吃不饱、吃不尽兴,旅行最重要的不就是开心吗?"

后来我们吃了一路的中国菜——水煮鱼、麻辣烫、四川小火锅,我的大众点评一直没有停过,写得最多的评语是:在这样的地方居然还有中国餐厅,真的太棒了!在一瓶普通矿泉水要卖150元人民币的瑞士,就不要再挑剔一份辣炒空心菜要卖80块了!能让你吃到中国菜就不错了!这里不是国内!然后一路五星好评,毫无原则。如果未来还有机会去瑞士,我要顺着我的大众点评再吃一次,为了这些辛苦的中国老板。

2016年美国唐人街的KTV。在国内习惯了各种厉害的KTV，和同学们一起来美国的KTV，被吓了一跳。对着几个大本子找歌，然后输入数字，而且很多歌没有版权，就对着屏幕上光秃秃的歌词直接唱。说是包厢，其实就是一个小房间，没有装修，还裸露着下水道的水管，放着一个小茶几和一张沙发。幸好去KTV唱的是一群人的气氛，而不是唱环境。但待久了，很多地方都能感叹在国内的生活就是比较幸福。韩国的同学唱了一些他们的怀旧金曲，我下载了下来，现在听到还能想起那时大家每天一起在大学食堂吃饭的日子。

2016 年的那次远行,
每个周末赶去各个机场、各个火车站,没有休息的地方,
直接往地下一坐,也不在意得不得体。
拉斯维加斯的夜景震撼到了我,
飞机的窗外原本一路无光,
突然就横空出现一座灯火辉煌照亮整片天的城市,
拿着相机赶紧拍了一张。

在外面学英文那段时间，早上不能迟到，迟到就要被点名，还需要自己用英文解释。为了避免说英文的尴尬，我从不迟到……现在想起来很后悔，我就应该每天迟到，每天有专门的演讲时间。唉，想起来真是好遗憾呢！说回图片，因为每天早上8点就要到学校，所以都是6点半起床给自己做早餐。为什么要给自己做早餐呢？因为要避免去食堂买早饭说英文的尴尬，我从不去买早饭……唉，又开始后悔了，真是应该多去食堂的。要问我现在英文如何？我只能说英文单词和语法没有长进，唯一练会的是敢随便说（只要做到这一点，你说任何东西外国人都听得懂）。

第一次上帝国大厦,风很大,云很急,人很多。映入眼帘的风景也不过是360度,转一圈就结束了。但妙的是,随着太阳的移动,阳光的倾斜,整个纽约也在变换着不同的样子。门票不算便宜,忘记了具体是多少,就和朋友打定主意,必须从下午一直待到入夜,用自己的相机拍摄纽约从日落到日尽到夜幕到整个城市亮起的照片。每一张照片都有独有的色调。那天我快被风吹得人都没了,后悔没有多带一件外衣,但拍到了好看的照片。回来后朋友问:"那么好看的照片是怎么拍出来的?"我说:"耐心。"

一棵两千年的红杉树。一日红杉林的穿梭。
"一颗那么小的种子居然能长那么大,也太过分了吧。"
"如果要按种子大小比例的话,我们从种子变成那么大才比较过分吧?"
"……好像也对哦。"

照片一旦调成黑白,

情绪就变得异常孤独。

不是色彩的原因,而是原本照片记录下来的情绪就孤独,

黑白只是滤纸,过滤了不必要的喧张和伪装。

如果你总觉得一张彩色照片隐隐流动着不同,

那就调成黑白,

它的孑然便显了形。

来北京那么多年，现在洗出来的衣服都有烘干机里柔顺剂的味道，喜欢什么味道就买什么样的柔顺剂，觉得熟悉。
再往前一些，洗出来的衣服是消毒液的味道，觉得干净和有安全感。
再往前一些，那时在湖南，洗出来的衣服都是晒几天才干，带着厚厚水汽的味道。
而真正最喜欢的味道还是小时候，趁着大太阳，妈妈把家里的东西都洗了，在太阳下晒着，每件衣服都有阳光的味道。

出去旅行，哪里人少就喜欢往哪里开。
在空无一人的地方，站进去，因为我的存在，那里就成了有人欣赏的风景。
其实，一个人站在空旷的地方，只是别人觉得你孤独，但自己却觉得异常充实，像回到了自己熟悉的地方，与环境相安无事，相得益彰。
而身处热闹的聚会或车流之中，反而觉得自己是孤独的，你们是你们，而我是我。

这是我小时候住过的矿区。
整个矿里的人都住在这一条路的两旁。
多年后，爸爸妈妈又带我来了这里，
老邻居已经搬走，老房子已经住了新的人。
爸爸敲开门寒暄了几句，新主人很热情，虽然看得出来他也是一头雾水，
但都是一个矿里长大的，那种热络也不需要酝酿。
生命中有很多很多的老地方，我们重新踏入的概率又有多高？
人的一生是持续往更远的路走，但还是要常回头看看，找到离开时的那股
力量。

有一年和阿 Sam 去法国，他是个不怎么喜欢聊天的人，我也是怕和人硬聊的人，但我俩都是喝了酒，话就比较多的人。为了结伴而行的时间不尴尬，我俩从早餐就开始喝酒，一直喝到晚上回酒店。"啊，法国的香槟可好喝了，一定要多喝，又便宜。"带着这样的想法，我们连喝了三天。

其实我根本喝不出香槟与香槟之间的区别，我只知道喝了酒之后，脸上如果打算浮起一个笑容，那这个笑容停留在脸上的时间会比平时长一些。想说的话，从脑子到嘴里的距离也短了一些。人与人之间会少了距离感，很随意就能把手搭在阿 Sam 的肩上说："有点儿头晕啊。"

看了一部有趣的电影叫《酒精计划》，讲一个年过 40 岁的老师，工作和家庭都不幸福，他决定靠喝酒改变一下自己。因为他的朋友说：人类血液中酒精的浓度达到 0.05%，人会变得更有趣，感觉会更幸福。他开始喝酒之后，一切确实都开始变得不一样，但他无法控制自己的量，慢慢开始过量，导致人生改造计划失败。虽然并不知道这部电影究竟想说的是喝酒不好还是酗酒不好，但我也是那种人，喝了一点点酒，整个人就会轻松很多。如果我俩见面，你让我先喝一杯，你就会觉得我格外风趣幽默。

拍摄电视剧的时候，有一场男主角要在山上认草药的戏份。我爸就提前一天告诉我哪些植物是草药，有什么功效，他边说，我边拍照记录，密密麻麻记了一个备忘录。那天刚下过雨，下山后爸爸就在路边的水洼旁蹲下来洗手。那一刻，我觉得我确实是我爸的儿子，且为自己有一个这样的爸爸感到很骄傲。

在下雪的日本开了5个小时车,终于到达了山谷里的这个小村庄。村子很安静,每家每户都住着人,推开一户写着热饮招牌的门,主人便端来热茶让你暖胃。

"你说,他们永远住在这里,会开心吗?"

"因为他们过得足够好,所以我们才会来。他们虽然哪儿都没去,但我们却从四面八方来看他们,都是一样的。"

第一次参与一个电影剧本的完整创作,留下了这个《谁的青春不迷茫》的电影剧本文件夹。别人问你们的剧本改了几稿,我说也就四五稿。看了文件夹才发现,原来有那么多稿,走了那么多步,实际情况比后来回忆中困难得多。

过完年，准备回北京之前，妈妈一个人在厨房一直碌着。我要走的时候，她给了我一个纸箱子让我带着，说是土鸡蛋对身体好。我很不耐烦，觉得一路麻烦，也很容易打碎。她也不管，非要我带着让我路上小心。到了北京，我打开箱子，才发现妈妈把每一个鸡蛋都用卫生纸包好了，而且是那种很糙很糙的卫生纸。我一时情绪上头，心想如果我做家长，该怎么才能超过我妈呢？

进入TME旗下QQ音乐
收听本书完整歌单